RaumFragen: Stadt – Region – Landschaft

Reihe herausgegeben von

Olaf Kühne, Forschungsbereich Geographie, Eberhard Karls Universität Tübingen, Tübingen, Deutschland

Sebastian Kinder, Forschungsbereich Geographie, Eberhard Karls Universität Tübingen, Tübingen, Deutschland

Olaf Schnur, Bereich Forschung, vhw – Bundesverband für Wohnen und Stadtentwicklung e.V., Berlin, Deutschland

RaumFragen: Stadt – Region – Landschaft | SpaceAffairs: City – Region – Landscape
Im Zuge des „spatial turns" der Sozial- und Geisteswissenschaften hat sich die Zahl der wissenschaftlichen Forschungen in diesem Bereich deutlich erhöht. Mit der Reihe „RaumFragen: Stadt – Region – Landschaft" wird Wissenschaftlerinnen und Wissenschaftlern ein Forum angeboten, innovative Ansätze der Anthropogeographie und sozialwissenschaftlichen Raumforschung zu präsentieren. Die Reihe orientiert sich an grundsätzlichen Fragen des gesellschaftlichen Raumverständnisses. Dabei ist es das Ziel, unterschiedliche Theorieansätze der anthropogeographischen und sozialwissenschaftlichen Stadt- und Regionalforschung zu integrieren. Räumliche Bezüge sollen dabei insbesondere auf mikro- und mesoskaliger Ebene liegen. Die Reihe umfasst theoretische sowie theoriegeleitete empirische Arbeiten. Dazu gehören Monographien und Sammelbände, aber auch Einführungen in Teilaspekte der stadt- und regionalbezogenen geographischen und sozialwissenschaftlichen Forschung. Ergänzend werden auch Tagungsbände und Qualifikationsarbeiten (Dissertationen, Habilitationsschriften) publiziert.
Herausgegeben von
Prof. Dr. Dr. Olaf Kühne, Universität Tübingen
Prof. Dr. Sebastian Kinder, Universität Tübingen
PD Dr. Olaf Schnur, Berlin

In the course of the "spatial turn" of the social sciences and humanities, the number of scientific researches in this field has increased significantly. With the series "RaumFragen: Stadt – Region – Landschaft" scientists are offered a forum to present innovative approaches in anthropogeography and social space research. The series focuses on fundamental questions of the social understanding of space. The aim is to integrate different theoretical approaches of anthropogeographical and social-scientific urban and regional research. Spatial references should be on a micro- and mesoscale level in particular. The series comprises theoretical and theory-based empirical work. These include monographs and anthologies, but also introductions to some aspects of urban and regional geographical and social science research. In addition, conference proceedings and qualification papers (dissertations, postdoctoral theses) are also published.
Edited by
Prof. Dr. Dr. Olaf Kühne, Universität Tübingen
Prof. Dr. Sebastian Kinder, Universität Tübingen
PD Dr. Olaf Schnur, Berlin

Olaf Kühne · Karsten Berr · Petra Lohmann

Landschaft zwischen Philosophie und Sozialwissenschaften

Eine Kritik

Olaf Kühne
Eberhard Karls Universität Tübingen
Tübingen, Deutschland

Karsten Berr
Eberhard Karls Universität Tübingen
Tübingen, Deutschland

Petra Lohmann
Universität Siegen
Siegen, Deutschland

ISSN 2625-6991   ISSN 2625-7009 (electronic)
RaumFragen: Stadt – Region – Landschaft
ISBN 978-3-658-42879-2   ISBN 978-3-658-42880-8 (eBook)
https://doi.org/10.1007/978-3-658-42880-8

Die Deutsche Nationalbibliothek verzeichnet diese Publikation in der Deutschen Nationalbibliografie; detaillierte bibliografische Daten sind im Internet über http://dnb.d-nb.de abrufbar.

© Der/die Herausgeber bzw. der/die Autor(en), exklusiv lizenziert an Springer Fachmedien Wiesbaden GmbH, ein Teil von Springer Nature 2023

Das Werk einschließlich aller seiner Teile ist urheberrechtlich geschützt. Jede Verwertung, die nicht ausdrücklich vom Urheberrechtsgesetz zugelassen ist, bedarf der vorherigen Zustimmung des Verlags. Das gilt insbesondere für Vervielfältigungen, Bearbeitungen, Übersetzungen, Mikroverfilmungen und die Einspeicherung und Verarbeitung in elektronischen Systemen.
Die Wiedergabe von allgemein beschreibenden Bezeichnungen, Marken, Unternehmensnamen etc. in diesem Werk bedeutet nicht, dass diese frei durch jedermann benutzt werden dürfen. Die Berechtigung zur Benutzung unterliegt, auch ohne gesonderten Hinweis hierzu, den Regeln des Markenrechts. Die Rechte des jeweiligen Zeicheninhabers sind zu beachten.
Der Verlag, die Autoren und die Herausgeber gehen davon aus, dass die Angaben und Informationen in diesem Werk zum Zeitpunkt der Veröffentlichung vollständig und korrekt sind. Weder der Verlag noch die Autoren oder die Herausgeber übernehmen, ausdrücklich oder implizit, Gewähr für den Inhalt des Werkes, etwaige Fehler oder Äußerungen. Der Verlag bleibt im Hinblick auf geografische Zuordnungen und Gebietsbezeichnungen in veröffentlichten Karten und Institutionsadressen neutral.

Planung/Lektorat: Cori Antonia Mackrodt
Springer VS ist ein Imprint der eingetragenen Gesellschaft Springer Fachmedien Wiesbaden GmbH und ist ein Teil von Springer Nature.
Die Anschrift der Gesellschaft ist: Abraham-Lincoln-Str. 46, 65189 Wiesbaden, Germany

Das Papier dieses Produkts ist recyclebar.

Inhaltsverzeichnis

1 Einführung 1
2 Eine gemeinsame Grundlage – das Landschaftsverständnis von Georg Simmel 5
3 Sozialwissenschaftliche Landschaftsverständnisse 9
   3.1 Der Sozialkonstruktivismus als Grundlage für die sozialwissenschaftliche Landschaftsforschung 10
   3.2 Von Drei Welten zur Konstruktion der Drei Landschaften 12
   3.3 Zur Vielfalt theoretischer Verständnisse in der sozialwissenschaftlichen Landschaftsforschung 14
   3.4 Zwischenfazit 15
4 Philosophische Landschaftsverständnisse 17
   4.1 Das Objekt der Landschaftsbetrachtung 19
   4.2 Das Subjekt der Landschaftsbetrachtung 21
   4.3 Zwischen Subjektivität und Objektivität: Stimmungen und Atmosphären 22
   4.4 Landschaft als Naturschönes 22
   4.5 Vom Verlust der Landschaft als Naturschönes zur Forderung nach Naturschutz 23
   4.6 Stadtlandschaft und Landschaftsgestaltung 24
   4.7 Zwischenfazit 26
5 Das Verhältnis von Natur und Landschaft – eine Interpretation unter Rückgriff auf die Drei-Welten-Theorie Karl Poppers 29
   5.1 ‚Landschaft' in Perspektive: Die Relationen zu ‚Raum' und ‚Natur' sowie die Rückbindung des abstrakten Begriffs der Landschaft an sensorische Wahrnehmungen und einfache Begriffe 30
   5.2 Natur als notwendige, aber nicht hinreichende Grundlage für Landschaft 35
6 Vorüberlegungen zu Dimensionen und Arten von Kritik 37

7	**Die Verständnisse von Landschaft in Sozialwissenschaften und Philosophie – ein Vergleich**	43
	7.1 Vergleich anhand der Theorie der Drei Landschaften	44
	7.2 Vergleich anhand des Kategoriensystems von Ontologie, Epistemologie, Ästhetik und Ethik	45
	7.3 Vergleich anhand des Kategoriensystems Daten, Methoden, Methodologie, Theorien, Wissenschaftstheorie und Erkenntnistheorie	47
	7.4 Wissenschaft, Landschaftsforschung und Kritik	49
8	**Das Problem unvollständiger Arbeit an c-modalen Landschaftsbegriffen**	51
9	**Energiewende und Landschaftskonflikte**	55
10	**Zum Ignorieren von Landschaft 2 und ein Pfad zurück zu Simmel**	59
	10.1 Landschaft 2 als blinder Fleck sozialwissenschaftlicher Landschaftsforschung und als Herausforderung philosophischer Begriffsbildung	59
	10.2 Rückführung: Simmel zur Arbeitsteilung von Philosophie und Soziologie	64
11	**Fazit**	67
	Literatur	73

Einführung 1

‚Landschaft' gewinnt an Relevanz. Dies drückt sich nicht zuletzt in Bezug auf die direkten und indirekten Auswirkungen des Klimawandels im materiellen Raum aus, sowohl in Form der Veränderungen von Vegetation, den Folgen von Stürmen und Dürren, geänderter Abflussregime von Fließgewässern. Dies kommt auch zum Ausdruck in den physischen Manifestationen der Bemühungen, die Folgen des anthropogenen Klimawandels durch Anpassungsmaßnahmen zu vermindern und ihn durch Maßnahmen der Mitigation einzuschränken. Diese Veränderungen konfligieren in Teilen mit gesellschaftlichen Verständnissen von Landschaft, die sich im Lauf der Jahrhunderte entwickelt haben. Die Relevanz von ‚Landschaft' ist aber nicht allein lebensweltlich verankert. Unterschiedliche wissenschaftliche Disziplinen haben seit Jahrhunderten unterschiedliche Facetten des Landschaftsbegriffs herausgearbeitet. Damit ging auch eine Weitung des Blicks in Bezug darauf einher, was unter ‚Landschaft' verstanden werden kann. Nicht ohne Konflikte, so standen – auch wissenschaftlich – die Zuwendungen zu vernakulären Landschaften, Stadtlandschaften oder Hybridlandschaften durchaus auch in der Kritik (ausführlicher: Hofmeister & Kühne, 2016; Jackson, 2005; Körner, 2010; Prominski, 2004, 2019). Nicht zuletzt der weite Verbreitung findende Ansatz der ‚-scapes' von Arjun Appadurai (1990) hat anregend darauf gewirkt, synthetisches Denken in Bezug auf Räume einer neuen Popularität zuzuführen. In den letzten Jahrzehnten war der Weg der Forschung, insbesondere in den Geistes- und Naturwissenschaften, davon geprägt, weniger den Bezug zur Ontologie zu suchen (‚Was ist eine Landschaft?') als stärker den Fokus auf Syntheseleistungen zu richten, also hin zu Fragen, was warum und wie mit welchen Kompartimenten als Landschaft bezeichnet wird und wie solche Synthesen bewertet werden. Die Vielfalt unterschiedlicher Verständnisse und Deutungen von dem, was Landschaft ist, hat

© Der/die Autor(en), exklusiv lizenziert an Springer Fachmedien Wiesbaden GmbH, ein Teil von Springer Nature 2023
O. Kühne et al., *Landschaft zwischen Philosophie und Sozialwissenschaften*, RaumFragen: Stadt – Region – Landschaft,
https://doi.org/10.1007/978-3-658-42880-8_1

nicht zuletzt zu einer Reihe von Übersichtspublikationen mit unterschiedlichen disziplinären Hintergründen geführt (siehe etwa: Bourassa, 1991; D'Angelo, 2021; Howard et al., 2013; Kühne, 2013; Kühne, et al., 2019; Kühne, 2019a; Roger, 1995; Wiborg, 2023; Winchester et al., 2003; Wylie, 2007). Diese Vielfalt ist zu berücksichtigen, wenn der Frage nachgegangen wird, in welcher Weise der Landschaftsbegriff eine funktionale oder dysfunktionale Bedeutung (Edler & Kühne, 2022a, 2022b) in dem Verhältnis Mensch-Gesellschaft zur nicht-menschlichen Welt zukommt.

Mit dieser Vielfalt an Landschaftsverständnissen wollen wir uns – mit Fokus auf die Philosophie und die Sozialwissenschaften (einschließlich Humangeographie) – kritisch befassen. Gemeinsamer Ausgangspunkt ist die ‚Philosophie der Landschaft' von Georg Simmel, erstveröffentlicht im Jahre 1913. Hierin wird nicht zuletzt der Grundstein für einen konstruktivistischen Zugang zu Landschaft gelegt. Davon ausgehend befassen wir uns – entlang des kategorialen Systems der aus der Drei-Welten-Theorie Poppers (1979; Popper, 1996; Popper & Eccles, 1977) abgeleiteten Theorie der Drei Landschaften (Kühne, 2018b, 2020a, 2023b) – mit der Frage, welche Entwicklungen beide Disziplinen in Bezug auf ihre Landschaftsbegriffe genommen haben. Diese Entwicklungen werden einer tiefgreifenden Kritik unterzogen. Das von uns vertretene Verständnis von Kritik ist eines, das die Arten der Kritik offenlegt, aufgrund denen die Kritik, hier an die Traditionen der philosophischen und der sozialwissenschaftlichen Landschaftsforschung, herangetragen wird. Insofern entwickeln wir ein Schema der Arten der Kritik als Grundlage der Bewertung der jeweiligen Forschungstraditionen. Diese Kritik richtet sich insbesondere darauf, ob und inwiefern die jeweiligen Forschungstraditionen zum Verständnis des Verhältnisses vom Individuum zur sozialen Welt wie auch zur materiellen Welt beitragen, aber auch inwiefern unterschiedliche Ebenen der Abstraktion von der unmittelbaren alltagsweltlichen Erfahrung bis hin zu meta-theoretischen Reflexionen integriert werden.

In unseren Ausführungen befassen wir uns insbesondere mit dem deutschen Sprachraum. Das hat mehrere Gründe: Zum ersten reicht hier die Entwicklung des Landschaftsbegriffs bis ins Mittelalter zurück, zum zweiten wurde der – eng mit dem prototheoretischen Landschaftsbegriff verknüpfte – wissenschaftliche Landschaftsbegriff aus dem deutschen Sprachraum um die Wende vom 19. zum 20. Jahrhundert zu einem verbreiteten international gebräuchlichen Begriff (Antrop, 2019; Berr & Kühne, 2020; Schenk, 2013). Zum dritten liegt unser Ziel darin, das grundsätzliche Problem der unreflektierten Verwendung unterschiedlicher Landschaftsbegriffe offenzulegen und daraus Forschungsfelder abzuleiten. Dies im internationalen Vergleich durchzuführen, wäre ein sicherlich lohnenswertes Unterfangen, nur setzt dies einen Vergleich der unterschiedlichen alltagssprachlichen Bedeutungen von etwas voraus, das im deutschen Sprachraum ‚Landschaft' genannt wird. Viertens, besteht ein weiteres Ziel unseres Buches darin, die verschiedenen Entwicklungen sozialwissenschaftlicher und philosophischer Landschaftsforschung zu vergleichen – ausgehend von dem prägenden, 1913 erschienenen Text „Philosophie der Landschaft" von Georg Simmel, (2019c), der gleichermaßen als Philosoph und Soziologe gilt. Fünftens besteht im deutschen Sprachraum – auch infolge der großen Bedeutung von ‚Landschaft' – ein umfangreicher Bestand an Untersuchungen im Kontext unterschiedlicher Landschaftskonstruktionen zu Konflikten über Veränderungen der materiellen Grundlagen von Landschaft. Als konflikttheoretische Rahmung wird dabei auf Dahrendorf (Dahrendorf, 1957, 1972, 1992; Matys & Brüsemeister, 2012; Niedenzu, 2001) zurückgegriffen, eine Konflikttheorie, die sich mit ihrem meso-sozialen und sub-staatlichen Bezug bei der Interpretation von Landschaftskonflikten bis dato bewährt hat.

Das Thema ‚Landschaft' hat durch eine zunehmende Konkurrenz um Flächen eine neue Bedeutung erhalten. Da insbesondere Anlagen zur Erzeugung, Leitung und Speicherung regenerativer Energie eine besondere landschaftliche Präsenz aufweisen, werden sie zum Anlass, latente Konflikte, die aus unterschiedlichen Deutungen, Kategorisierungen und Bewertungen von Landschaft erwachsen, manifest werden zu lassen (siehe hierzu unter vielen: Breukers & Wolsink, 2007; Cowel,l 2010; Eichenauer & Gailing, 2022; Kamlage, Drewing et al., 2020; Neukirch, 2014, 2016; O'Neill & Walsh, 2000; Pasqualetti et al., 2002; Weber et al., 2017). Die unterschiedliche ästhetisch und moralisch normativ aufgeladene Begriffsbildung von Landschaft hat sich dabei zu einem veritablen Hindernis bei der Umsetzung der Energiewende erwiesen. In unserem Text vergleichen wir den aktuellen Forschungsstand von Philosophie und Sozialwissenschaften zur Entwicklung von Landschaftsverständnissen, auch vor dem Hintergrund, welchen Beitrag sie für die Regelung von Landschaftskonflikten leisten können – und in welcher Weise in Bezug auf die philosophische Befassung mit Landschaft noch Herausforderungen bestehen, die Voraussetzung zu schaffen, das produktive Potenzial von Landschaftskonflikten heben zu können.

In diesem Buch befassen wir uns zunächst, in Kap. 2, mit dem Landschaftsverständnis von Georg Simmel, der – wie bereits angedeutet – sowohl wesentliche Anregungen für die philosophische als auch die sozialwissenschaftliche Landschaftsforschung im 20. und den ersten gut zwei Jahrzehnten des 21. Jahrhunderts lieferte. Daran anschließend stellen wir – in geraffter Weise – zunächst den aktuellen Forschungsstand sozialwissenschaftlicher (Kap. 3) und alsdann philosophischer Landschaftsforschung vor (Kap. 4). Auf Grundlage der Drei-Welten-Theorie Karl Poppers und der daraus abgeleiteten Theorie der Drei Landschaften vergleichen wir in Kap. 5 die Begriffe von Natur und Landschaft. Eine wesentliche Grundlage des Vergleichs bilden dabei Zuordnungen der Begriffe von Landschaft und Natur zu unterschiedlichen Abstraktionsebenen. Um eine begriffliche Grundlage für die Kritik sozialwissenschaftlicher und philosophischer Landschaftsverständnisse zu haben, wird in Kap. 6 ein kategorialer Zugang der Arten der Kritik, entlang der Polaritäten konkret zu abstrakt und wissenschaftsintern zu wissenschaftsextern vorgenommen. Dieses System stellt die Basis für die in Kap. 7 vorgenommene Kritik sozialwissenschaftlicher und philosophischer Landschaftsbegriffe dar. Kap. 8 konkretisiert diese Kritik in Bezug auf eine mangelnde Begriffsklärung von ‚Landschaft' in den unterschiedlichen Vokabularen ‚expertenhafter Sonderwissensbestände'. Dass diese unzureichende Klärung nicht allein von akademischer Bedeutung ist, zeigt das Beispiel der ‚Energiewende und Landschaftskonflikte' (Kap. 9). In Kap. 10 wiederum wird der Blick geweitet: Weg von konkreten Konfliktsituationen, hin zu einem Defizit, das sozialwissenschaftliche und philosophische Zugänge miteinander verbindet, nämlich die Ausklammerung oder lediglich randliche Bedeutung individueller Landschaftskonstruktionen. Im Fazit, Kap. 11, werden die Ergebnisse der Ausführungen noch einmal synthetisiert und die sich daraus ergebenden Herausforderungen für Sozialwissenschaften und Philosophie in Bezug auf ihre Befassung mit ‚Landschaft' formuliert.

Eine gemeinsame Grundlage – das Landschaftsverständnis von Georg Simmel

Eine Auseinandersetzung mit der Philosophie und Soziologie Simmels hinsichtlich des Themas Landschaft erscheint als Ausgangspunkt für eine Befassung mit den Landschaftsverständnissen in Sozialwissenschaften und Philosophie auch nach weit mehr als einem Jahrhundert nach deren Ersterscheinung relevant. So liefert Simmel, erstens, mit seinem Werk „Philosophie der Landschaft" aus dem Jahre 1913 (Simmel, 2019c) eine zentrale Basis für einen Paradigmenwechsel (Kuhn, 1970) in der Landschaftsforschung. Zweitens, ist er ein später Repräsentant einer noch nicht in Gänze vollzogenen Trennung von Soziologie und Philosophie. Drittens, befasst er sich nicht zuletzt in seiner „Soziologie der Sinne" (Simmel, 1907), wie auch in seiner „Soziologie. Untersuchungen über die Formen der Vergesellschaftung" (Simmel, 1908) mit den verschiedenen Sinnen des Menschen und insbesondere deren sozialer Bedeutung. Viertens, ist das Vorgehen Simmels stark phänomenologisch geprägt, wodurch er die Aufmerksamkeit auf das Erleben von Räumen als Landschaften (hierzu ausführlicher: Ahrens, 2008) richtet. Dies erleichtert die Rückbesinnung auf eine gemeinsame geisteswissenschaftliche Basis, jenseits kognitivistischer und empiristischer Ansätze, wie sie insbesondere die naturwissenschaftliche Landschaftsforschung prägt, aber auch darüber hinausgreift, wie in die quantitative Sozialforschung oder auch die raumbezogene Planung (darauf wird später intensiver einzugehen sein).

Der Text „Philosophie der Landschaft" (Simmel, 2019c) lässt sich als ein Wendepunkt sowohl in Simmels Landschaftsbezug als auch der Landschaftsforschung allgemein beschreiben (Kühne, 2023a; Kühne und Edler, 2022): Die „Philosophie der Landschaft" unterscheidet sich fundamental hinsichtlich des Landschaftsverständnisses von dem sieben Jahre zuvor erschienenen Text „Florenz" (Simmel, 2019b). War dieser noch von einem ontologisierenden Verständnis von Landschaft geprägt, stellt Simmel in der „Philosophie der Landschaft" die Konstruiertheit von Landschaft heraus. Womit er sich deutlich von dem wissenschaftlichen Mainstream seiner Zeit absetzte, der darauf fokussiert war, das ‚Wesen der Landschaft' zu ergründen (siehe etwa: Berr und Kühne, 2020; Berr & Schenk, 2019; Schenk, 2013, 2017). In der „Philosophie der Landschaft" begreift Simmel Landschaft als eine ästhetisierende Zusammenschau von Objekten, deren Anleitung auf die Malerei zurückgeführt wird: „Denn das Verständnis unseres ganzen Problems hängt an dem Motiv: das Kunstwerk Landschaft entsteht als die steigernde Fortsetzung und Reinigung des Prozesses, in dem uns allen aus dem bloßen Eindruck einzelner Naturdinge die Landschaft – im Sinne des gewöhnlichen Sprachgebrauchs – erwächst. Eben das, was der Künstler tut: dass er aus der chaotischen Strömung und Endlosigkeit der unmittelbar gegebenen Welt ein Stück herausgrenzt, es als eine Einheit fasst und formt, die nun ihren Sinn in sich selbst findet und die welt-verbindenden Fäden abgeschnitten und in den eigenen Mittelpunkt zurückgeknüpft hat – eben dies tun wir in niederem, weniger prinzipiellem Maße, in fragmentarischer, grenzunsicherer Art, sobald wir statt einer Wiese und eines Hauses und eines Baches und eines Wolkenzuges nun eine ‚Landschaft' schauen" (Simmel 2019c, S. 12). In der „Philosophie der Landschaft" wird diese – Hoppe-Sailer (2007, S. 136) zufolge – bestimmt als „eine grundlegend ästhetische Kategorie, da sie ihre Konstitution einer visuellen Operation verdankt, die selbst ästhetische Qualitäten trägt". Die – in der Malerei begründeten – Konventionen der Zusammenschau sind wiederum Gegenstand eines Vermittlungsprozesses (Burckhardt, 2006b). In diesem Vermittlungsprozess wird das Individuum in den gesellschaftlichen Wissensvorrat zu ‚Landschaft' eingeführt, wobei diese Einführung kulturell und sozial differenziert erfolgt, wie schon bei Simmel deutlich wird: „Landschaft, sagen wir, entsteht, indem ein auf dem Erdboden ausgebreitetes Nebeneinander natürlicher Erscheinungen zu einer besonderen Art von Einheit zusammengefasst wird, einer anderen als zu der der kausal denkende Gelehrte, der religiös empfindende Naturanbeter, der teleologisch gerichtete Ackerbauer oder Stratege eben dieses Blickfeld umgreift" (Simmel, 2019c, S. 18). Die Vorstellung von der sozialen und kulturellen Differenziertheit von Wissen über die Welt wird in dem Buch „The Social Construction of Reality" (Berger & Luckmann, 1966) aufgegriffen und zu einer Theorie des Sozialkonstruktivismus verallgemeinert, womit auch das Simmelsche Denken Aktualisierung findet (siehe ausführlicher dazu: Lautmann, 2019). Entsprechend befasst sich die in der Tradition Bergers und Luckmanns stehende sozialkonstruktivistische Landschaftsforschung mit der sozialen und kulturellen Differenziertheit der Konstruktion von Landschaft (unter vielen: Aschenbrand, 2017; Fontaine, 2017; Gailing & Leibenath, 2015; Greider & Garkovich, 1994; Kühne, 2020b; Stotten, 2015).

Für Simmel ist die ästhetische Zusammenschau von ‚Dingen' eng an deren Natürlichkeit geknüpft. Sein Verständnis von ‚Natur' ist zwar recht weit gefasst, so versteht er neben Bäumen, Hügeln und Gewässern auch Wiesen und Getreidefelder (die durch den Menschen angelegt sind) wie auch Häuser unter ‚freie Natur' (Simmel, 2019c), doch schließt er „Straßenzüge mit Warenhäusern und Automobilen" (Simmel, 2019c, S. 7) aus seinem Verständnis von ‚Natur' und damit auch ‚Landschaft' aus. Diese Objektauswahl verweist auf ein ‚enges Landschaftsverständnis', schließlich werden moderne und großstädtische Objekte und Objektkonstellationen ausgeschlossen (siehe zu dieser Diskussion zusammenfassend: Hokema, 2013). Hier wird der Einfluss des landschaftsbezogen konservativ-romantisierenden Zeitgeists deutlich. In diesem werden das ‚Ursprüngliche' und ‚Vormoderne' zur landschaftsbezogenen Norm. Die kritischen Ausführungen hinsichtlich der touristischen Erschließung der Alpen zu seiner Zeit unterstreichen diese Perspektive (Simmel, 2019a).

In dem Simmelschen Landschaftsverständnis sind bereits zwei Traditionslinien angelegt, die von den Sozialwissenschaften und der Philosophie in der Folgezeit getrennt voneinander verfolgt wurden: Während die Sozialwissenschaften sich mit der Frage der (insbesondere sozialen) Konstruktion von Landschaft befassten, folgte die Philosophie der Traditionslinie, Landschaft als (irgendwie geartete und gestaltete Natur) zu verstehen.

Sozialwissenschaftliche Landschaftsverständnisse 3

Die aktuelle sozialwissenschaftliche Landschaftsforschung lässt sich – das wird aus dem im Vorangegangenen Dargestellten deutlich – in doppelter Weise an Simmel anschließen: zum einen direkt, denn das von Simmel vertretene Verständnis, Landschaft nicht ontologisch als Objekt, sondern ästhetisch als in den materiellen Raum hineininterpretiert zu verstehen, ist heute das dominante Verständnis von Landschaft; zum anderen schließt die aktuelle sozialwissenschaftliche Landschaftsforschung auch indirekt an Simmel an: Die von Peter Berger und Thomas Luckmann (1966) – vom Denken Simmels maßgeblich beeinflusste entwickelte Wissenssoziologie – stellt einen zentralen Bezugspunkt konstruktivistischer Landschaftsforschung dar, den wir zunächst knapp darstellen. Bevor wir uns weiter mit dem aktuellen Stand der sozialwissenschaftlichen Landschaftsforschung befassen, stellen wir die Theorie der Drei Landschaften vor, die auf der Drei-Welten-Theorie Karl Poppers (Popper, 1973; Popper, 1979; Popper & Eccles, 1977) basiert und als kategoriales System für die Analyse von Theorien zu Landschaft und den unterschiedlichen Ebenen von Landschaft dienen. Da die Theorie an anderer Stelle ausführlicher entwickelt, begründet und dargelegt ist (Koegst, 2022b; Kühne, 2018b, 2020a, 2023b), werden wir uns im Folgenden auf deren Grundzüge beschränken.

3.1 Der Sozialkonstruktivismus als Grundlage für die sozialwissenschaftliche Landschaftsforschung

Da die sozialkonstruktivistische Landschaftstheorie ein bis heute wirkmächtiges Forschungsprogramm der sozialwissenschaftlichen Landschaftsforschung darstellt, sich auch die mehr-als-repräsentationalen Ansätze der Landschaftsforschung darauf beziehen und dieses weiterentwickeln, werden wir uns nun ausführlicher damit befassen.

Zentral ist der Sozialkonstruktivismus mit dem Werk ‚The social Construction of Reality' von Peter Berger und Thomas Luckmann verbunden (1966), bedeutsame Beiträge zu seiner Entwicklung leisteten aber auch George Herbert Mead (1934) und Herbert Blumer (1969). Dabei wurzelt der Sozialkonstruktivismus einerseits in der Verstehenden Soziologie von Max Weber (1976 [1922]) und andererseits in der phänomenologischen Philosophie, insbesondere Edmund Husserls (Husserl, 1913, 2008). Die Verbindung dieser beiden Stränge wird insbesondere durch Alfred Schütz (1960 [1932]) geleistet, wenn er sich mit dem sinnhaften Aufbau der sozialen Welt befasst. Hierbei greift er auf das Webersche Verständnis der Ausrichtung des individuellen Handelns „am vergangenen, gegenwärtigen oder für künftig erwarteten Verhalten anderer" (Weber, 1976 [1922], S. 11) als konstitutives Element sozialen Handelns zurück. Dieses ist in den subjektiven Sinn eingeschrieben, „den die in der Sozialwelt Handelnden mit ihren Handlungen verbinden" (Schütz, 1960 [1932], S. 3). Dies hat weitreichende Konsequenzen für die Konstruktion des Selbst, denn „der Einzelne erfährt sich – nicht direkt, sondern nur indirekt – aus der besonderen Sicht anderer Mitglieder der gleichen gesellschaftlichen Gruppe oder aus der verallgemeinerten Sicht der gesellschaftlichen Gruppe als Ganzer, zur der er gehört" (Schütz & Luckmann, 2003 [1975], S. 447). Damit wird deutlich, dass Wissen insbesondere durch soziale Interaktionen als wechselhafte Beziehungen und Austauschprozesse zwischen Menschen gebildet und vermittelt wird, denn der größte „Teil des Wissensvorrates des normalen Erwachsenen [ist] nicht unmittelbar erworben, sondern ‚erlernt'" (Schütz & Luckmann, 2003 [1975], S. 332), womit die Fokusverschiebung des Sozialkonstruktivismus gegenüber einem phänomenologischen Zugang zu Welt (1 und 3) deutlich wird.

Dies hat weitreichende Folgen für die – sozial präformierte – individuelle Konstruktion von Welt: Wahrnehmung wird das Resultat „eines sehr komplizierten Interpretationsprozesses, in welchem gegenwärtige Wahrnehmungen mit früheren Wahrnehmungen" (Schütz, 1971 [1962], S. 123–124) verbunden werden und vor dem Hintergrund erworbenen Wissens gedeutet werden, weswegen es „nirgends so etwas wie reine und einfache Tatsachen" (Schütz, 1971 [1962], S. 5) gibt. Die Lebenswelt (unabhängig davon, ob als vorwissenschaftlich oder als alltagsweltlich verstanden) gilt dabei als „Inbegriff einer Wirklichkeit, die erlebt, erfahren und erlitten wird" (Schütz & Luckmann, 2003 [1975], S. 447; vgl. auch Hahn, 2017), handhabbar wird diese Lebenswelt durch Typisierungen. Diese wiederum sind keine „in sich abgeschlossene[n] isolierte[n] Deutungsschemata, sondern vielmehr miteinander verbunden und aufeinander abgestuft" (Schütz & Luckmann, 2003 [1975], S. 125). Soziales Handeln ist dabei dinghaft gebunden. Was bedeutet, „dass Menschen ‚Dingen' gegenüber auf der Grundlage der Bedeutungen handeln, die diese Dinge für sie besitzen" (Blumer, 1973, S. 81). Als ‚Ding' wird in diesem Zusammenhang „alles gefasst, was der Mensch in seiner Welt wahrzunehmen vermag – physische Gegenstände, wie Bäume oder Stühle; andere Menschen, wie Freunde oder Feinde; Institutionen, wie eine Schule oder eine Regierung; Leitideale wie individuelle Unabhängigkeit oder Ehrlichkeit; Handlungen anderer Personen, wie ihre Befehle oder Wünsche; und solche Situationen, wie sie dem Individuum in seinem täglichen Leben begegnen" (Blumer, 1973, S. 81). Bedeutung von ‚Dingen' entsteht „aus der sozialen Interaktion, die man mit seinen Mitmenschen eingeht" (Blumer, 1973, S. 81), wenngleich diese Bedeutung nicht stabil, sondern reversibel ist, werden „diese Bedeutungen in einem interpretativen Prozess, den die Person in ihrer Auseinandersetzung mit den ihr begegnenden Dingen benutzt, gehandhabt und abgeändert" (Blumer, 1973, S. 81).

In Bezug auf Landschaft können wir daraus ableiten (ausführlich bei: Aschenbrand, 2017; Burckhardt, 2006b; Fontaine, 2017; Greider & Garkovich, 1994; Koegst, 2021; Kühne, 2019c, 2021b; Stemmer, 2016): Landschaft ist kein objektiv gegebener Gegenstand, sondern Ergebnis eines (im deutschen Sprachraum seit dem Mittelalter) andauernden Konstruktionsprozesses. Wie schon bei den Ausführungen zu Simmels Landschaftsbegriff deutlich wurde, erfolgt eine individuelle ‚Projektion' von erlernten Mustern der Deutung, Typisierung und Wertung in materielle Räume hinein. Dabei wird deutlich, dass nicht allein der Begriff der Landschaft in seiner historischen Entwicklung einem Wandel unterworfen ist, sondern auch die individuelle Konstruktion, so kann „der Naive […] die Landschaft nicht sehen, denn er hat ihre Sprache nicht gelernt" (Burckhardt, 2006a, S. 20). Entsprechend wird individuell bei der Erzeugung von Landschaft auf kulturell gebundene, sozial vermittelte und zeitgebundene Typisierungen zurückgegriffen, schließlich sehen wir „im Allgemeinen nur das, was wir zu sehen gelernt haben, und wir sehen es so, wie der Zeitstil es fordert" (Lehmann, 1973, S. 48). Damit wird deutlich, das jenes, was als ‚Landschaft' im Allgemeinen, ‚schöne' oder ‚interessante Landschaft' im Besonderen verstanden wird, durchaus kontingent ist, abhängig von sozialen und kulturellen Konventionen, aber auch modifiziert durch individuelle Erfahrungen und – in Relation zwischen diesen – auch individuellen Präferenzen.

Im Folgenden werden wir uns mit der aus der Theorie der Drei Welten von Karl Popper abgeleiteten Theorie der Drei Landschaften befassen, einerseits um diese Konstruktionsprozesse von Landschaft (im Vergleich zu Raum) präziser herausarbeiten zu können, andererseits auch, um über ein Kategorienschema zu verfügen, mit dessen Hilfe unterschiedliche Landschaftstheorien geordnet werden können, also in Bezug darauf, ob sie primär auf gesellschaftlich geteilte Deutungs-, Typisierungs- und Bewertungsmuster, die individuelle Konstruktion von Landschaft oder materielle Objekte fokussieren bzw. mit welchen Relationen zwischen diesen Ebenen sie sich befassen.

3.2 Von Drei Welten zur Konstruktion der Drei Landschaften

Diese Ausführungen zur Spezifik der sozialen Konstruktion von Wirklichkeit lassen sich als eine Formulierung der sozialkonstruktivistischen Landschaftstheorie in die Theorie der Drei Landschaften übersetzen. In der deutschen sozialwissenschaftlichen Raumforschung wurde die Drei Welten Theorie verschiedentlich aufgegriffen (Hard, 2002b; Schafranek et al., 2006; Weichhart, 1999; Werlen, 1986, 1997; Zierhofer, 1999, 2002), konnte ihr Potenzial, das nicht zuletzt in der Überwindung dualistischen Denkens liegt, gegenüber der Dominanz poststrukturalistischer Theorien nicht zur, vollen Entfaltung bringen (Korf, 2021, 2022; Korf et al., 2022; Kühne, Leonardi, Berr 2023).

Karl Popper gliedert die Welt in drei Ebenen: Die Welt 1 der Materie, die Welt 2 des individuellen Bewusstseins und die Welt 3 des Wissens und der kulturellen Gehalte, wobei der Mensch nicht nur aus Welt 2 besteht, sondern auch Teil von Welt 1 und 3 ist und auch Artefakte, etwa Bücher und Gebäude zugleich Teil von Welt 1 und 3 sein können. Die Konzeption von Welt 2 ist in dieser Terminologie stark abstrahiert, schließlich gibt es so viele Welten 2, wie es Menschen gibt. Welt 2 ist das Ergebnis einer Selbsterzeugung in Auseinandersetzung mit anderen Welten 2, Welt 3 und Welt 1. Das Ergebnis ist aber auch, dass Welt 2 jeweils einen spezifischen Anteil an Welt 3 hat und nur Teile von Welt 1 überblickt.

Räume 1, 2 und 3 lassen sich analog als relational angeordnete materielle Objekte (Raum 1), als raumbezogene Anteile von Welt 2 (Raum 2) und Welt 3 (Raum 3) bestimmen. Landschaft 3 umfasst jene gesellschaftlich geteilten Deutungs-, Bewertungs- und Kategorisierungsmuster mit Landschaftsbezug. Diese werden – hier wird der sozialkonstruktivistische und über Popper hinausgehende Grundzug der Theorie der Drei Landschaften deutlich – der individuellen Landschaft 2 sozialisiert, wobei aus Landschaft 2 in Landschaft 3 Innovationen gelangen können. Auf Basis des individuellen Bestandes an gesellschaftlichen Deutungs-, Kategorisierungs- und Wertungsmustern ist der Mensch in der Lage, in Raum 1 eine Landschaft 1 hineinzusynthetisieren (bei Simmel wäre die Wortwahl mutmaßlich noch „hineinzuschauen" gewesen, denn er bezog sich konstitutiv auf das Visuelle, wobei wir die Multisensualität von Landschaft in unsere Überlegungen einbeziehen).

Ein zentraler Unterschied zwischen Raum und Landschaft besteht darin, dass Landschaft (auf allen Ebenen) zwar auch eine Teilmenge von Raum darstellt (es werden für die Konstruktion von Landschaft nicht etwa alle materiell-räumlichen Elemente selektiert, einzelne Grashalme etwa, werden zu Wiese synthetisiert), aber das Verständnis von Landschaft greift über das Räumliche hinaus, etwa, wenn ein relationaler Zusammenhang jenseits des Räumlichen dargestellt werden soll (wie bei Bildungslandschaft, Religionslandschaft oder Politische Landschaft). Ein weiterer zentraler Unterschied besteht in den konstitutiven Ebenen: Landschaft ist konstitutiv an die Ebene 3 gebunden – ohne Anleitung zur Synthese kann der Mensch keine Landschaft 1 konstruieren. Die Entwicklung

3.2 Von Drei Welten zur Konstruktion der Drei Landschaften

von Welt 2 ist also konstitutiv an die durch andere Welten 2 vermittelte Welt 3 gebunden – und damit auch die Konstruktion von Landschaft 2 und Landschaft 3. Raum ist konstitutiv an Ebene 1 gebunden – jede Erfahrung der Welt 1 ist mit deren Räumlichkeit verbunden. Wie bereits gezeigt, ist Wissen sozial und kulturell differenziert, so auch das von und über Landschaft. Dies findet in drei grundsätzlich unterschiedlichen Modi der Landschaftskonstruktion seinen Niederschlag, auch hier wird die sozialkonstruktivistische Basis der Theorie deutlich: Die Landschaftskonstruktion im Modus a ist jene der ‚heimatlichen Normallandschaft'. Diese wird in der Kindheit und Jugend durch Erfahrungen von Raum 1 als Landschaft 1, unter Anleitung ‚signifikanter Anderer' (Mead, 1934), insbesondere Mitgliedern der Familie, gebildet und ist einerseits stark emotional geprägt und andererseits mit der Norm der Stabilität (insbesondere in Hinblick auf die Landschaft 1) aufgeladen. Eine Landschaftskonstruktion im b-Modus hingegen greift auf ein Commonsense-Verständnis zurück, die durch Schule, Internet, Bücher, Fernsehen etc. vermittelt wird und stark auf ästhetische und zunehmend auch auf ökologische Deutungs-, Kategorisierungs- und Bewertungsmuster zurückgreift, normativ ist es an die Entsprechung verbreiteter Stereotype (etwa ‚der schönen Landschaft') gebunden. Die Konstruktionsanleitung des c-Modus erfolgt durch eine professionelle Befassung mit Landschaft, die insbesondere ein einschlägiges Fachstudium (der Geographie, Biologie, Landschaftsplanung oder -architektur etc.) voraussetzt. Insbesondere die normativen Vorstellungen differieren (fachspezifisch) deutlich, aber auch grundlegende Verständnisse von Landschaft (etwa zwischen der Agrarökonomie und dem Naturschutz). Das Ergebnis ist, dass – in Abhängigkeit von den unterschiedlichen Modi, aber auch individuellen Landschaftserfahrungen, sehr unterschiedliche Landschaften 1 in denselben Raum 1 hineinsynthetisiert werden (Abb. 3.1).

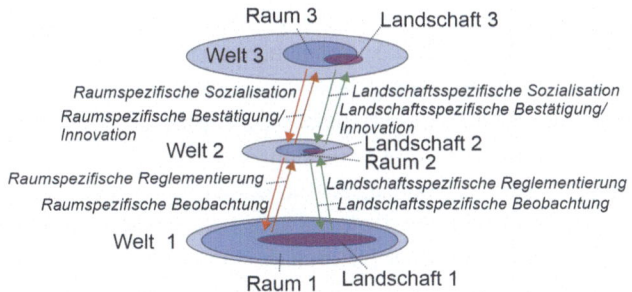

Abb. 3.1 Die Bezüge zwischen den drei Welten, drei Räumen und drei Landschaften. Deutlich wird, erstens, die zentrale Bedeutung der Ebene 2, ohne die keine Vermittlung zwischen Ebene 1 und 3 zustande kommt, zweitens, dass – jenseits von Welt 1 – Landschaft nicht allein eine Teilmenge von Raum ist, drittens, dass spezifische Rückwirkungsmechanismen zwischen Raum 3/Landschaft 3, Raum 2/Landschaft 2 sowie zwischen Raum 2/Landschaft 2, Raum 1/Landschaft 1 bestehen (Abbildung nach: Kühne, 2020a)

Wie gezeigt, verfügen der Sozialkonstruktivismus und die Phänomenologie über gemeinsame Grundlagen, während sich die sozialkonstruktivistische Landschaftsforschung stärker mit der Relation von Landschaft 3 und 2 – mit Fokus auf Landschaft 3, denn Landschaft 2 dient eher als notwendiger, aber nicht weiter hinterfragter Kontrapart (verstanden etwa im Sinne einer Black Box) für die soziale Konstruktion von Landschaft – befasst, fokussiert sich die phänomenologische Landschaftsforschung auf die Relation von Landschaft 2 zu Landschaft 1 (die dann in der Regel als ontologisch gegeben, nicht als sozial konstruiert verstanden wird). Insofern lassen sich diese beiden Programme durchaus als ,zwei Seiten einer Medaille' (Kühne, 2019a) verstehen.

3.3 Zur Vielfalt theoretischer Verständnisse in der sozialwissenschaftlichen Landschaftsforschung

Der c-Modus ist in besonderer Weise durch das Streben nach neuem Wissen bzw. der Neuordnung bestehenden Wissens geprägt (unter vielen: Kuhn, 1970; Luhmann, 1990; Popper, 1989). Dieser Logik folgend, nahm seit Simmels „Philosophie der Landschaft" nicht allein das empirisch gewonnene Wissen über ,Landschaft' zu, sondern auch die theoretische Einordnung von Wissen. Von dem essentialistischen Streben, das ,Wesen der Landschaft' zu ergründen (einen Überblick liefert das Sammelwerk bei: Paffen 1973), über den positivistischen (und insbesondere in der naturwissenschaftlichen Landschaftsforschung bis heute dominanten; etwa bei: Leser, 1991) Ansatz, insbesondere Landschaft 1 mittels messen, wiegen, zählen quantitativ empirisch zu erfassen, in Ebenen (hier thematisch verstanden, etwa als Niederschlagsverteilung, Flächennutzung, Geomorphologie), über bereits angesprochene konstruktivistische Ansätze bis hin zu Mehr-als-Repräsentationale Ansätze hat sich die sozialwissenschaftlich geprägte Landschaftsforschung entwickelt (zum Überblick: Bourassa, 1991; D'Angelo, 2021; Howard et al., 2013; Kühne, 2019a, 2021b; Winchester et al., 2003; Wylie, 2007). Dabei haben sich insbesondere konstruktivistische Ansätze der Landschaftsforschung differenziert, über den sozialkonstruktivistischen hinaus. So fokussiert der radikal-konstruktivistische Ansatz die spezifischen Konstruktionen gesellschaftlicher Teilsysteme (etwa von Politik, Wirtschaft, Wissenschaft etc.; etwa: Kühne & Duttmann, 2019; van Assche, 2010), während der diskurstheoretische Ansatz insbesondere der Frage nachgeht, wie Diskurse über Landschaft nach Hegemonialität streben (beide Ansätze fokussieren primär Landschaft 3; etwa bei: Leibenath und Otto, 2014; Weber, 2016). Im 21. Jahrhundert treten verstärkt Ansätze hinzu, die die Subjekt-Objekt-Spaltung aufheben wollen. So kam es zu einer Rückbesinnung auf phänomenologische Zugänge zu Landschaft, die das individuelle Erleben von Landschaft 1 fokussieren (so bei: Hasse, 1993; Wylie, 2005). Die Akteurs-Netzwerk-Theorie ist bestrebt, Landschaft als Netzwerk von belebten und unbelebten Aktanten zu reformulieren (Allen, 2011; Hilbig, 2023). Die Assemblage-Theorie ist bestrebt, die symbolischen Bedeutungen, die Elementen von Raum 1 aus Landschaft 3 zugeschrieben werden, die ihn letztlich zu Landschaft 3 machen, nachzuvollziehen und Materialitäten für die soziale Konstruktion von Welt mehr Bedeutung beizumessen (siehe dazu etwa: Lisdat, 2022; Winsky, 2023). Kritische Ansätze fokussieren das Thema Macht bei der Erzeugung von Landschaft 3 (welchen Deutungen, Kategorisierungen und Bewertungen wird aus welchen Gründen gefolgt, welchen nicht?), dem Bezug zu Landschaft 2 (welchen Deutungen, Kategorisierungen und Bewertungen werden hier verbindlich?) wie auch Landschaft 1 (welche ungleichen Machtverteilungen schreiben sich hier ein, wie wird dies gesellschaftlich, etwa ästhetisch legitimiert?). Dabei haben sich zwei Traditionslinien ausgeprägt, eine, die der Frankfurter Schule folgt und fragt, inwiefern die instrumentelle Vernunft den Menschen davon abhält seiner inneren Natur und der äußeren Natur gerecht zu werden (Horkheimer & Adorno, 1969). Eine andere folgt der Tradition von Pierre Bourdieu (2016), verbunden mit der Frage, wie sich die Ungleichverteilung von symbolischem Kapitel auf Landschaft 1, 2 und 3 auswirkt (Kühne, 2008). Einen Versuch der Synthese dieser Ansätze unternimmt die neopragmatische Landschaftsforschung (in Anschluss an: Rorty, 1982, 1997). Angesichts der Komplexität des Forschungsgegenstandes geht diese davon aus, dass nicht eine theoretische Perspektive ‚Landschaft' umfassend ausleuchten kann. Stattdessen kombiniert sie – in Abhängigkeit von der konkreten Fragestellung – unterschiedliche Theorien, aber auch Methoden, Daten, Forschendenperspektiven etc., d. h. ihr Fokus ist nicht das Trennende zwischen den Perspektiven, sondern das Komplementäre (etwa bei: Chilla, et al., 2015; Eckardt, 2014; Kühne, 2018c; Kühne & Koegst, 2023).

3.4 Zwischenfazit

Aus dieser knappen Zusammenfassung des aktuellen Forschungsstandes wird deutlich, dass die aktuelle sozialwissenschaftliche landschaftstheoretische Forschung in (mindestens) fünf Aspekten über Simmel hinausreicht (siehe auch: Kühne & Edler, 2022):

1. Die theoretischen Zugriffe auf Landschaft haben sich differenziert, was einerseits für konstruktivistische Zugänge gilt, andererseits auch für die Entwicklung bzw. Aktualisierung von more-than-representational Theorien.
2. Die Weite des Landschaftsverständnisses auf Ebene der Landschaft 1: So integrieren aktuelle Thematisierungen von Altindustrielandschaften, Stadtlandschaften, Stadtlandhybriden etc. die bei Simmel ausgeschlossenen (urbanen und suburbanen) Objekte und Objektkonstellationen (etwa bei Höfer & Vicenzotti, 2013; Jenal, 2019; Keil, 2005; Kühne, 2007b).
3. Simmels Gemäldeanalogie ermöglicht es, Landschaft als Konstrukt zu deuten, zugleich erschwert sie den Zugang zu multisensorischen Grundlagen von Landschaft, wie sie heute häufig in der sozialwissenschaftlichen Landschaftsforschung thematisiert werden (siehe etwa: Endreß, 2023; McLean, 2017; Porteous, 1985; Schafer, 1994; Sedelmeier, et al., 2022).

4. Simmels Argumentation zielt auf eine Konstruktion von Landschaft, die einen elaborierten Kenntnisstand kunsthistorischer Deutungen voraussetzt (heute im c-Modus institutionalisiert). Die b- bzw. a-modale Bezugnahme war seinerzeit einerseits noch nicht in dieser Intensität elaboriert, andererseits wurde sie von Simmel auch nicht berücksichtigt.
5. Aktuelle sozialwissenschaftliche Landschaftsforschung integriert den Aspekt der Macht in der Entwicklung von Landschaften 1, 2 und 3 (unter vielen: Czepczyński, 2008; Kühne, 2008; Mitchell, 1994; Olwig, 2008; Weber, 2015; Zukin, 1993).

Nach diesem Abriss aktueller Entwicklungen sozialwissenschaftlicher Landschaftsforschung, widmen wir uns nun den Entwicklungen der philosophischen Landschaftsforschung vor und seit Simmel.

Philosophische Landschaftsverständnisse 4

Es werden im Folgenden einige Haupt- und Nebenwege philosophischer Landschaftsverständnisse, insbesondere im Hinblick auf den neuzeitlichen ästhetischen Landschaftsbegriff rekonstruiert. Es zeigt sich, dass diese Verständnisse von ‚Landschaft' bis in die Gegenwart überwiegend ‚Landschaft' mit ‚Natur' oder dem ‚Naturschönem' gleichsetzen. Es zeichnen sich allerdings aktuell auch Entwicklungen ab, sich für Fragen des Naturschutzes, der Ökologie, der Hybridität von Stadtlandschaften sowie Fragen der Landschaftsgestaltung zu öffnen.

Die philosophische Landschaftsforschung kann ebenfalls, wie die Sozialwissenschaften, an Simmel anschließen, insbesondere an das von Simmel vertretene Verständnis, Landschaft nicht ontologisch als Objekt, sondern ästhetisch als in den materiellen Raum ‚hineingeschaut' zu verstehen. Auch wenn bereits Jacob Burckhardt (1976, [1859]) Mitte des 19. Jahrhunderts mit Bezug auf Petrarca (Petrarca, 1995) implizit darauf hinwies, ‚Landschaft' sei als ästhetisch-emotional betrachtete Natur aufzufassen, darf Simmel als derjenige angesehen werden, der, auch nach eigener Einschätzung (Simmel, 2019c), die ‚Landschaft' ermöglichende ästhetische Konstitutionsleistung erstmals explizit ‚klar gemacht' hat. Mitte des 20. Jahrhunderts folgte ihm in dieser Interpretation ausdrücklich Joachim Ritter, dessen Argumentation in eine bekannte und einflussreiche Formulierung mündete: „Landschaft ist Natur, die im Anblick für einen fühlenden und empfindenden Betrachter ästhetisch gegenwärtig ist" (Ritter, 1974 [1963], S. 150). Wie Burckhardt und Simmel erschließt Ritter damit die Genese des ästhetischen Landschaftsbegriffs aus der Landschaftsmalerei (Berr und Schenk, 2023), die als „Schrittmacher unseres Sehens und unseres landschaftlichen Erlebens" (Lehmann, 1968, S. 7) zu verstehen ist. Dies impliziert zugleich, dass der angeschaute Raum als „malerische Auffassung eines Naturausschnitts"

(Piepmeier, 2019, Spalte 16) aufgefasst werden kann. Die Anknüpfung an Francesco Petrarcas (1304–1374) berühmte Besteigung des Mont Ventoux am 26. April 1336 teilt Ritter mit vielen anderen Wissenschaftlern und Philosophen (Blumenberg 1984; Burckhardt 1976 [1859]; Dilthey 1914; Gebser 1966; Jauß 1982; Ritter 1974 [1963]; Schweda, 2013; Steinmann, 1995; Stierle, 1979; Vietta, 1995). In der ästhetischen Zuwendung zur Natur wird diese zu einer vom Menschen und dessen theoretisch-wissenschaftlichen wie praktischen Zugriffen unberührten räumlichen Umwelt konzipiert, die „ästhetische Einholung und Vergegenwärtigung der Natur als Landschaft [hat] die positive Funktion, den Zusammenhang des Menschen mit der umruhenden Natur offen zu halten und ihm Sprache und Sichtbarkeit zu verleihen" (Ritter, 1974 [1963], S. 161). Dieser auch im Kontext des Landschaftsbegriffs beanspruchten ‚Kompensationsthese' Ritters (Ritter, 1974 [1963], S. 105–140; vgl. hierzu Schweda, 2013) wurde von Autoren wie etwa Martin Seel zur Last gelegt, diese Position begreife „die moderne Naturerfahrung als Restauration einer vormodernen Erfahrung" (Seel, 1996, S. 230). Andere Autoren haben gegen diese Deutung eingewendet, es sei nicht zwangsläufig von einem Ersetzungsverhältnis oder einer nostalgisch orientierten „Kompensation eines Verlustes" (Frank, 2001, S. 622) auszugehen, sondern stattdessen von einem komplementären *Ergänzungs*verhältnis von Ästhetik einerseits und moderner Wissenschaft und gesellschaftlicher Praxis andererseits (vgl. Kirchhoff, 2011, S. 74; Schweda, 2013). Der Ästhetik, insbesondere der Kunst wurde der Vorwurf gemacht, einem Eskapismus als Welt- oder Realitätsflucht Vorschub zu leisten (Freud, 1955 [1917]; Weber, 1988a), neuerdings trifft dieses Verdikt vermehrt die Medien (Evans, 2001; Henning und Vorderer, 2001). Die von Ritter eingeführte Kompensationstheorie kann ebenfalls als Eskapismus bezeichnet werden, insofern ‚Kompensation' als eine Flucht vor den Zumutungen der modernen Welt bezeichnet wird. Diese Kritik traf beispielsweise Odo Marquard (vgl. einführend: Kampits, 2007; Schweda, 2008, 2013, S. 404–419, 2015, S. 138–152), der als Mitglied der sogenannten ‚Ritter Schule' eine Kompensationstheorie vertrete, die eine „konservative Verklärung einer heilen Vergangenheit" (Heidbrink, 2000, S. 1) und damit einen Eskapismus befördere. Marquard plädiert für eine „eiserne Ration an Vertrautem" in einer Welt, die zunehmend unvertraut zu werden droht – so wie Kinder ihr „Vertrautheitsdefizit" durch einen „Teddybären" zu kompensieren versuchen (Marquard, 2000, S. 72). Wie auch immer: Die Herkunftsgeschichte des ästhetischen Landschaftsbegriffs setzt demnach die Trennung des ästhetisch angeschauten und als ‚Landschaft' bezeichneten Raums von der gesellschaftlich angeeigneten Natur, damit vom Bereich der Arbeit und gesellschaftlichen Praxis voraus.

Die philosophische Befassung mit dem Thema ‚Landschaft' in Ablösung von ausschließlich *kunst*theoretischen Reflexionen (vgl. Berr und Lohmann, 2023; Berr und Schenk, 2023) wurde erst im 18. Jahrhundert im Rahmen der Ästhetik als neu etablierter Wissenschaft im rationalistischen System der Wissenschaften (Baumgarten, 2009 [1750–1758]) möglich und manifestiert sich in einem ‚ästhetisch-philosophischen Begriff' der ‚Landschaft' (Piepmeier, 2019). Angesichts der von Simmel ausdrücklich benannten Integration (‚Zusammenschau') von Elementen des Anschauungsraums durch ein anschauendes Subjekt zu ‚Landschaft', impliziert dieser Landschaftsbegriff insbesondere die für die Philosophie maßgebliche, wenn auch bis heute umstrittene und gelegentlich als „erkenntnistheoretischer Sündenfall" (Gabriel, 1993, S. 21) bezeichnete ‚Subjekt-Objekt-Unterscheidung', die daher als Leitfaden der folgenden Ausführungen dienen kann. Entscheidend ist zudem, dass diese integrative Leistung des Sehens von ‚Landschaft' „nicht aus den Gegenständen, die der Blick erfasst [resultiert]. Entscheidend ist vielmehr das vom Subjekt über die einzelnen Elemente des Blickfelds hinweg konstituierte anschauliche Ganze" (Frank, 2001, S. 620), also der Standpunkt des Betrachters, der sozial vermittelt und je individuell emotional und ästhetisch aktualisiert ist (Kühne, 2021b). Dieses ‚Ganze' der ‚Landschaft' ist daher „selbst schon ein geistiges Gebilde, man kann sie nirgends im bloß Äußeren tasten und betreten, sie lebt nur durch die Vereinheitlichungskraft der Seele" (Simmel, 1957 [1913], S. 150). Angeschautes und Anschauung wirken ineinander, da die Synthese- oder Integrationsleistung des ‚landschaftlichen Auges' (Riehl, 1996) stets aus einem spezifischen Blickwinkel entsprechende Aspekte des Angeschauten zu Landschaft auf kontingente Weise zusammenschaut. Dem entsprechend wurden und werden in der Philosophie entweder die Objekt- oder die Subjektseite der Integration näher untersucht. Sogenannte (traditioneller Ausdruck) ‚Stimmungen' oder (aktuell reformulierter Ausdruck) ‚Atmosphären' changieren auf teils hybride Weise zwischen der Subjekt- und Objektseite.

4.1 Das Objekt der Landschaftsbetrachtung

Das Objekt der Landschaftsbetrachtung wird in philosophischen Thematisierungen erstens durch die kulturhistorisch erwachsene Trennung des angeschauten Raumes vom Bereich der Arbeit und gesellschaftlichen Praxis, zweitens durch die ästhetisch induzierte Gleichsetzung von Natur und Landschaft bestimmt. ‚Landschaft' erhält im Wissenschaftssystem des 18. Jahrhunderts eine „Stelle in der stufenweisen Bildung des Verstandes" (Piepmeier, 2019, Spalte 18), etwa bei J. G. Sulzer, indem sie „‚bestimmte Empfindungen von sittlicher und leidenschaftlicher Art' zu wecken und die Vernunft anzuleiten" (Piepmeier, 2019, Spalte 18) habe. Diese Bildungsfunktion der Landschaft findet sich in unterschiedlichen Varianten beispielsweise auch bei S. Gessner, C. G. Carus, A. v. Humboldt (vgl. Piepmeier, 2019, Spalte 18–22). Für einen radikalen Idealisten wie J. G. Fichte war Natur eine Setzung, Deduktion und damit Produktion des Bewusstseins (Fichte, 1997 [1794]). Ihr Wert besteht darin, Material und Sphäre des Entwurfs von Zwecksetzungen zu sein. Natur ist für diese Variante des Idealismus zwar Bedingung der Entwicklung des praktischen Selbstbewusstseins, aber sie wird nicht als lebendiges Sein anerkannt, sondern sie ist der völlige Gegensatz zum freien Willen (Lohmann, 2015; vgl. Schmied-Kowarzik, 1997).

Carl Gustav Carus spielt eine besondere Rolle im Kontext philosophischer Landschaftsverständnisse, da er zwei einflussreiche theoretische Ansätze aufgreift und wirkungsvoll weiterentwickelt. *Erstens* greift er mit seiner „naturmystische[n] Konzeption von Landschaft und Landschaftskunst" (Busch, 1997, S. 265) den bereits zu seiner Zeit tradierten Topos von der „Natur als Zeichenschrift" (Schmitz-Emans, 2007, S. 270) auf, fasst somit die Natur als Chiffrenschrift des Göttlichen, „als göttliche Offenbarung" (Carus, 1982, S. 55), also als göttlich beseelte Natur auf. Landschaftsbetrachtung in freier Natur sei daher ‚Andacht' (Carus, 1982). Die Wissenschaft hat daher die Aufgabe, Natur als ‚Sprache Gottes' und damit als von Gott geschriebenen Text zu verstehen und zu dechiffrieren (Carus, 1982; vgl. Berr, 2008). Diese Metaphern verweisen zum einen auf die angesprochene Tradition der Rede vom ‚Buch der Natur', wie sie etwa durch Paracelsus, Tommaso Campanella, Galileo Galilei, Jacob Böhme und Gottfried Leibniz vertreten ist (vgl. Schmitz-Emans, 2007). Zum anderen verweisen die Metaphern auch auf die spätere breite Diskussion um eine ‚Chiffrenschrift' der Natur, die neben Carus mit Namen wie etwa J. W. Goethe, Jean Paul und F. W. J. Schelling, im 20. Jahrhundert insbesondere mit Ernst Bloch, Hans Blumenberg, Gernot Böhme oder Carlfriedrich Claus verbunden ist (vgl. Schmitz-Emans, 2007). *Zweitens* fasst Carus ‚Stimmungen', die sich in der Landschaft zeigen, als objektiv verstandene „Stadien des Naturlebens" (Carus, 1982, S. 30), das heißt als Naturstimmungen, die menschlichen Gemütsstimmungen entsprechen. Er glaubt, dass sich „in Natur und Gemüt die verwandten Regungen […] hervorrufen" (Carus, 1982, S. 31): Ein abgestorbener Baum beispielsweise löst eine „schwermütige Stimmung" aus, nackter Fels lässt uns „erhärtet" fühlen (Carus, 1982, S. 31).

Landschaft als Objekt der Betrachtung wird allerdings *resubjektiviert*, wenn sie im Sinne einer „Signaturenlehre", die in einem „kommunikativen Naturbegriff ihre Basis hat" (Böhme, 1989, S. 122), verstanden und ‚gelesen' werden soll. Diese ‚Lesart' weist zurück auf eine Konzeption der Natur als Subjekt, wie dies exemplarisch etwa Schelling unternommen hat, oder auf eine schöpferische Natur als ‚natura naturans', wie sie prototypisch bei Spinoza zu finden ist, oder eine „unabsichtliche Technik (technica naturalis)" (Kant, 1959 [1790], B 321) der Natur, wie sie von Kant im ‚als-ob'-Modus (vgl. Vaihinger, 1911) gedacht wurde. Aktuellere Varianten dieses Gedankens finden sich im 20. Jahrhundert bei verschiedenen Philosophen. Ernst Bloch beispielsweise begreift im Konzept einer ‚Allianztechnik' die Natur als ‚Subjekt' (Bloch, 1973) und postuliert eine Technik, die „selbstorganisierende Kräfte und somit die Mitproduktivität der Natur zur Geltung bringt" (Nordmann, 2007, S. 262), letztlich aber „auf eine Mystifizierung der Natur hinaus[läuft], ihrer selbstorganisierenden und selbstheilenden Kräfte, ihrer Durchlässigkeit für menschliches Gestalten und Wollen" (Nordmann 2007, S. 273). Wolfgang Kluxen entwickelt das Konzept eines ‚Dialoges mit Natur', das die Natur als eine Art ‚Mit-Subjekt', als Dialog-‚Partner' (Kluxen, 1997) versteht. Gernot Böhme geht ähnlich von der ökologisch begründeten „Angewiesenheit des Menschen auf die Mitproduktivität der Natur, auf ihre Spontaneität und Regenerativität" (Böhme, 1989, S. 74) aus. Die ‚Akteur-Netzwerk-Theorie' (Latour, 1998, 2002 [1999]; Callon, 1999) versteht materielle

Objekte (ob ‚technisch' oder ‚natürlich') mit einer eigenständigen sozialen Existenz als ‚Aktanten' (Kneer, 2009; Kühne, 2019b). Die genannte ‚Lesart' führt andererseits aber auch, etwa im Sinne von Jacob Böhme, dazu, dass man „Dingen ins Herz schauen kann" (Böhme, 1989, S. 133), damit zu der ausdrücklich essentialistischen Erkenntnis und Sichtweise (vgl. Kühne & Berr, 2021, S. 71–74), „was das Wesen eines Dinges ist" (Böhme, 1989, S. 133) – ob dies nun ein ‚Objekt' oder das ‚Subjekt' der Natur bzw. Landschaft ist.

4.2 Das Subjekt der Landschaftsbetrachtung

In Anlehnung an Gebser (1966) besteht die historische Errungenschaft von Petrarcas „panoramatische[m] Blick" (Vietta, 1995, S. 217) darin, erstmalig einen *Ausschnitt* der physischen Umgebung in Absehung von praktischen Zwecken und theoretischen Interessen zu erfassen. Mit dieser ‚Aussicht' vom Berggipfel, die einen „anschauungsorganisierenden Rahmen bezeichnet" (Frank, 2001, S. 621), ist zugleich die Standortgebundenheit und Perspektivität des Subjekts der Landschaftsbetrachtung markiert. Mit Schelling ist daher in der Landschaftsmalerei „überall nur subjektive Darstellung möglich, denn die Landschaft hat nur im Auge des Betrachters Realität" (Schelling, 1966, S. 138). Die Konstruktion und entsprechende Darstellung betrifft nicht nur Landschaft, sondern gilt „zuallererst für den Raum selbst" (Frank, 2001, S. 620), denn Landschaftsmalerei (bzw. das Subjekt der Landschaftsbetrachtung) „bedarf nicht nur des Raums zu ihrem Gemälde, sondern sie geht ausdrücklich sogar auf Darstellung des Raums als solchen aus" (Schelling, 1966, S. 138). Entsprechend beschreibt Ernst Cassirer diesen Konstitutions- als Konstruktionsakt der Darstellung des (ästhetischen im Gegensatz zum mythischen und theoretischen) Raums der Landschaft als keineswegs „bloß passives Nachbilden der Welt; sondern sie ist ein neues Verhältnis, in das sich der Mensch zur Welt setzt" (Cassirer, 1975, S. 29).

Das von Riehl so genannte konstruktive ‚landschaftliche Auge' (Riehl, 1996) bedarf erstens einer Rahmung, zweitens der Entwicklung der Zentralperspektive (Gebser, 1966). Das Erfordernis der Rahmung wurde mit Blick auf die Landschaftsmalerei als das eines ‚Bild-Rahmens' benannt, von Philosophen wie etwa Hegel in dessen Ästhetik (Hegel, 2003 [1823], S. 44), von Georg Simmel (1995 [1902]) wie von Kurt Bauch, der ebenfalls die Rahmung, das Ausschnitthafte betont, also das, „wohin wir uns wenden, was wir in 'Betracht' ziehen" (Bauch, 1957 [1937], S. 127). Das Produkt dieser Zusammenschau als gerahmte ausschnitthafte Betrachtung ist „als Landschaft anzusehen" (Simmel, 1957 [1913], S. 142). Neuere Untersuchungen zum Simmelschen Landschafts- und impliziten Naturverständnis finden sich bei Kühne (2023a) sowie Kühne und Edler, (2022).

4.3 Zwischen Subjektivität und Objektivität: Stimmungen und Atmosphären

Dieses Changieren zwischen essentialistischem Objektivismus und essentialistischer Resubjektivierung findet sich auch in der gegenwärtig aktuellen Diskussion um ‚Atmosphären', die Carus' Rede von ‚Stimmungen' der Natur in neuem begrifflichem Vokabular und mit Fokussierung auf ‚Landschaft' reformuliert. Im Gegensatz zu Carus, der ‚Stimmungen' als Stimmungen der ‚Landschaft' oder ‚Natur' selbst deutet, behandelt beispielsweise Hegel diese Frage vollzugsrelational, indem er Stimmungen als *Medium* der Landschaftsbetrachtung bestimmt: Die ‚Seele' kann bei natürlichen Gegenständen „innig sein [...], wenn sie nach irgendeinem Bedürfnis erfasst", d. h. „wenn sie empfunden werden" (Hegel, 2003 [1823], S. 255) kann. Auch Simmel – ebenso wie Burckhardt (1976 [1859]) und Ritter, (1996) – hält eine spezifische „Stimmung" für erforderlich, die es allererst möglich mache, „ein Stück Boden mit dem, was darauf ist, als Landschaft" (Simmel, 1957 [1913], S. 142) anzusehen. Anders: „Landschaft ist somit, vereinfacht gesagt, Natur gesehen durch ein Temperament, niemals die Natur an sich, als Ontisches" (Schneider, 2009, S. 10).

Die gegenwärtige Debatte über ‚Atmosphären der Landschaft' dreht sich im Kern um die Frage, ob es sich bei ‚Atmosphären' um Projektionen handelt oder ob diese der Landschaft selbst angehören. Vertreter eines subjektivistischen ‚Konstruktivismus' oder ‚Projektionismus' sind neben Georg Simmel beispielsweise Ruth und Dieter Groh, aber auch August Wilhelm Schlegel, Theodor Lipps, Martin Seel und Rolf Peter Sieferle. Vertreter einer eher objektivistischen Position sind beispielsweise Michael Großheim, Hermann Schmitz, Gernot Böhme oder Michael Hauskeller. Aktuelle Auseinandersetzungen mit dem Atmosphären-Begriff bemühen sich inzwischen um eine *Vermittlung* der subjektivistischen und objektivistischen Assoziationen dieses Begriffes (beispielsweise Hahn, 2012; Kazig, 2007, 2013; Kazig, 2023).

4.4 Landschaft als Naturschönes

In der Tradition der philosophischen Befassung mit ‚Landschaft' wurde und wird diese vorrangig auf ‚Natur' oder das ‚Naturschöne', auf einem Nebenweg auch auf ‚Naturerhabenes' (Piepmeier, 2019, Spalte 22–25) als Objekt der Anschauung bezogen. Das ‚Naturerhabene' wird in dieser Tradition als ‚basic need' (zu diesem Ausdruck vgl.: Krebs, 1997) angesehen, es „bezieht sich auf Natur, insofern der Mensch sie als Gegenstand seiner Bearbeitung zur Sicherung seines Überlebens erkennen muss" (Piepmeier, 2019, Spalte 22). Da ‚Natur' in der Neuzeit „als ästhetisch angeschaute Natur das wissenschaftsentlastete, arbeitsentlastete, handlungsentlastete Korrelat der wissenschaftlich erforschten, in Arbeit und Handlung gesellschaftlich angeeigneten Natur"

(Piepmeier, 2019; Spalte, 17) repräsentiert, wird ‚Landschaft' als vom Menschen unberührte Natur konzipiert. In der vorhergehenden Malerei und Literatur hingegen umfassten die dargestellten Landschaften „immer auch die menschliche Lebenspraxis mit ihren bleibenden Resultaten" (Frank, 2001, S. 621). Philosophische Landschaftsästhetik ist daher im Wesentlichen auf die traditionelle Frage nach dem ‚Naturschönen' zurückzuführen, das als „Handschrift Gottes" (Kulenkampff, 2002, S. 78) anfänglich Naturerfahrung als Gotteserfahrung bestimmt. Brechen diese religiöse Erfahrung und die von Ritter als ‚*Theoria*' (Ritter, 1996) bezeichnete metaphysische Tradition zusammen, fungiert das Naturschöne als das ergänzende Komplement zur praktisch und wissenschaftlich angeeigneten Natur. Bei Kant und Hegel als „den beiden Vätern der Ästhetik" (Kulenkampff, 2002, S. 80) werden diese beiden Konzepte für die nachfolgenden Diskussionen paradigmatisch ausgebildet.

Kant assoziiert mit dem Naturschönen eine ‚frei', das heißt, mit „von allem Interesse unabhängigen Wohlgefallen" (Kant, 1993[1790], S. 152) betrachtete ‚freie' Natur, die dem Menschen somit im ästhetischen Vollzug eine „*moralitätsaffine* Welt vor Augen" (Majetschak, 2004, S. 217) stellen kann: Da Natur ohne Absicht auf Nutzen oder Instrumentalisierung betrachtet werden kann, kann das Naturschöne als „Symbol des Sittlichguten" (Kant 1993[1790], S. 213) verstanden werden. Das Erhabene setzt einerseits ebenfalls eine noch freie Natur voraus, andererseits wird „ohne Entwicklung sittlicher Ideen das, was wir, durch Kultur vorbereitet, erhaben nennen, dem rohen Menschen bloß abschreckend vorkommen" (Kant, 1993[1790], S. 111). Hegel ordnet das Erhabene der ‚symbolischen Kunstform' als vergangenes und überholtes menschliches Naturverhältnis zu, da Natur inzwischen vollständig kulturell angeeignet sei. Das Naturschöne stellt lediglich einen „Reflex des Geistes" (Hegel, 2004 [1826], S. 2) dar, es indiziert keine ‚objektiv' vorliegende Qualität der Natur, sondern eine Weise des Naturvollzugs durch den Menschen. Dieser Befund betrifft auch Landschaft, sie ist kein objektiv vorgegebenes Phänomen, sondern ein reflektiert betrachtetes (vollzogenes) und entsprechend in der Kunst dargestelltes ‚Schönes' der Natur (vgl. Berr, 2009).

4.5 Vom Verlust der Landschaft als Naturschönes zur Forderung nach Naturschutz.

Friedrich Theodor Vischer spitzte diesen Gedanken zu, indem er von der Diagnose fortschreitender gesellschaftlicher Naturaneignung und -beherrschung auf den nahenden Verlust des ‚Substrates' von Natur als Landschaft, nämlich auf die Aufhebung des später von Ritter postulierten Unterschiedes zwischen gesellschaftlich angeeigneter (Stadt und Landwirtschaft) und freier Natur (ästhetische Landschaft) schließt (Vischer, 1922). Schon Carus hatte kritisiert, dass die Menschen der Natur bereits entfremdet seien und diese nicht mehr ästhetisch als Landschaft, sondern lediglich instrumentell wahrnehmen können (Carus, 1982). Diese Thesen kulminieren im letzten Drittel des 20. Jahrhunderts in dem von Piepmeier verkündeten ‚Ende der ästhetischen Kategorie Landschaft' (Piepmeier 1980), wonach es keine von menschlichen Eingriffen unberührte Natur mehr gebe, die dem Menschen ästhetisch Natur (Landschaft) vermitteln könne. Körner hat gegen Piepmeiers Argument und gegen die dahinter stehende Denktradition darauf hingewiesen, dass auf diese Weise „die ästhetische und symbolisch aufgeladene Kategorie Landschaft" zu „einem ökologischen Realobjekt" (Körner, 2006, S. 22), d. h. ein kulturelles Konstrukt zu einem ökologischen Gegenstand verdinglicht wird.

Eine weitreichende Konsequenz aus der These des Verlustes freier, noch nicht angeeigneter Natur, die ästhetisch als Landschaft betrachtet werden kann, ist die Forderung, entsprechende Räume unter Naturschutz zu stellen (zur Kritik: Küster, 2005, 2012, 2013 [1995]). Im 19. Jahrhundert bereits entwickelte sich angesichts von Industrialisierung und Flächenverlusten eine konservative Heimat-Ideologie und Zivilisationskritik (vgl. Körner et al., 2003; Körner und Eisel, 2003), die zur Heimatschutzbewegung (Piechocki, 2006) führte (vgl. Hülz et al., 2019) und die als Vorläufer des aktuell gesetzlich verankerten Naturschutzes gelten darf. Ritter kann den ‚transcensus' aus der Stadt in die ‚freie Landschaft', damit die ‚Entzweiungsstruktur' der modernen Welt (vgl. Schweda, 2013) als Bedingung des ästhetischen Landschaftsbegriffs nur retten, indem er ebenfalls den Naturschutz fordert, der die „ursprüngliche und freie Natur […] durch Gesetz dem Prozeß ihrer nutzenden Objektivierung" (Ritter, 1974 [1963], S. 181) entziehen kann. Schelsky hat diese Forderung zu der nach einer „aktive[n] Landschaftsbewahrung" und „Einrichtung und Förderung von Naturparken" konkretisiert, die mit der „Schaffung von Museen" (Schelsky, 1990, S. 126) zu vergleichen seien. Adorno hingegen lehnt Naturschutz ab, weil das Naturschöne der „Totalität des Tauschprinzips" unterliege, Natur daher „zum Naturschutzpark und zum Alibi", letztlich zur „Ideologie" werde (Adorno 1970, S. 107). Um der Realität einen Spiegel ihrer Entfremdung vorhalten zu können, sei der Rückgriff auf das Naturschöne – etwa in Gestalt einer ‚schönen Landschaft' – in der *Kunst* die letzte Möglichkeit, da es nicht von Menschen hergestellt und nicht von ihnen beherrscht wird (Adorno, 1970). Die Nachahmung der Naturschönheit ist Nachahmung von etwas Unbeherrschtem, Nicht-Hergestelltem, sie ist „Nachahmung eines Unnachahmlichen" (Gethmann-Siefert, 1995, S. 237).

4.6 Stadtlandschaft und Landschaftsgestaltung

Auch unabhängig von der empirischen Aufhebung der Trennung von Stadt und Land durch Entwicklungen auf Ebene der Welt 1 (Hofmeister & Kühne, 2016; Kühne, 2007a; Kühne & Weber, 2019, 2022; Sieverts, 1997; Hofmeister & Mölders, 2023; Kühne, Weber, Rossmeier, 2023; Leser, 2023; Rossmeier, 2023; Vicenzotti, 2023), kann auch die Stadt als Landschaft gesehen werden. Bereits Benjamin entwickelt im Rückgriff auf Baudelaire die Figur des ‚Flaneurs', der wie ein Spaziergänger in der Landschaft sich auch in der Stadt bewegen kann (vgl. Piepmeier, 2019, Spalte 27). Ausdrücklich berücksichtigt

4.6 Stadtlandschaft und Landschaftsgestaltung

Seel die Stadtlandschaft in seiner Naturästhetik; das „Modell der Natur" sei „das Modell der ästhetischen Stadt" (Seel, 1996, S. 232), sodass es sich bei der Stadtlandschaft um einen „bewußten, um einen als Schein gesehenen und gesuchten Schein" handelt und die „Landschaft der Stadt zu einem Geschehen" wird, „als wäre es Natur" (Seel, 1996, S. 233). Gernot Böhme fragt, ob und inwieweit Natur in die Stadt ‚hineingeholt' werden kann, etwa in Gestalt von Park, Villa, Grünraum und Stadtbrache, um die Stadt als Stadtlandschaft aufzufassen, „nach der die Stadt selbst als Natur begriffen wird" (Böhme, 1989, S. 71) und ökologische Ziele auf die „Mitproduktivität" (Böhme, 1989, S. 74) der Natur angewiesen sind. Bei Böhme wird die Naturästhetik letztlich als „Teil der Ökologie" (Böhme, 1989, S. 74) konzipiert.

Böhme thematisiert zudem mit dem Begriff der ‚Mitproduktivität', ähnlich wie Kluxen, (1997), das Dialoghafte eines Umgangs mit Natur, Landschaft oder Stadtlandschaft. Denn die „Auffassung der Natur als Stadt" habe eine „gewisse Verwandtschaft mit der Parkidee" bzw. zum Landschaftsgarten, es gehe daher „um angeeignete und unter soziale Gesichtspunkte subsumierte Natur, um Natur als ein soziales Produkt", das „auf Ideen zur Gestaltung" angewiesen sei (Böhme, 1989, S. 74). Dieser Gestaltungsaspekt, der gerade nicht die vermeintlich ‚freie' Natur als Landschaft, sondern angesichts einer „totale[n] Ausbeutung und Besiedlung – oder andernorts die Nicht-Bewirtschaftung – des Bodens" (Burckhardt, 2008, S. 197), die gesellschaftlich angeeignete Natur als deren Antipoden in den Blick nimmt, wurde schon vor Böhme von Lucius Burckhardt thematisiert. Burckhardt wendet sich gegen den romantisierenden Gedanken einer Unmittelbarkeit der Natur- oder Landschaftserfahrung, weist stattdessen auf die Aufhebung des „Gegensatz[es] von Natur und Garten" hin und fordert daher am Vorbild der Landschaftsgestaltung des 18. Jahrhunderts die gesellschaftlich bewusst intendierte und reflektierte „Gestaltung der Landschaft" (Burckhardt, 2008, S. 197; zu Landschaft und Romantik: Kühne & Berr, 2023). Darauf hat Ritter positiv reagiert und Landschaftsgestaltung „als die Ergänzung der in ihrer Nutzung verschwindenden Natur durch das nicht weniger künstliche Werk verstanden […], mit dem sie dazu gebracht wird, sich als freie Natur darstellend, im Horizont der Gesellschaft zu bleiben" (Ritter, 1974 [1963], S. 190). Ähnlich hat Stefan Körner auf die architektonische Tradition und damit auf den Gestaltungsauftrag des Naturschutzes hingewiesen (Körner, 2007). Petra Lohmann hat auf Karl Friedrich Schinkels Fichte-Rezeption hingewiesen, die eine Beziehung zwischen Architektur und Philosophie aus der Zeit um 1800 thematisiert und sich auf deren Bestimmungen des Naturbegriffs konzentriert (Lohmann, 2015, 2018).

Diese Überlegungen führen im Resultat dazu, die für die ästhetische Landschaftsbetrachtung konstitutive Trennung zwischen gesellschaftlicher Arbeit und Praxis einerseits und ‚Landschaft' (als ästhetischer Anschauungsraum) andererseits aufzuheben und ‚Landschaft' in gesellschaftliche Praxis zu reintegrieren. Ritter etwa schlägt vor, dass durch die „Wiederkehr des Gartens die zur Landschaft gestaltete Natur zum Raum des durch die Gesellschaft gesetzten Wohnens wird" (Ritter, 1974 [1963], S. 190). Damit öffnet sich beispielsweise eine Tür zu einer ‚Philosophie der bewohnbaren Welt', in der das

Kriterium der ‚Bewohnbarmachung' als ‚regulative Idee' für die je konkrete, gesellschaftlich aushandlungsbedürftige Gestaltung von ‚Landschaften' dienen kann (Berr, 2023). Das ‚Ende' der ästhetischen Kategorie Landschaft (Piepmeier, 1980) bedeutet dann keineswegs das Ende der Landschaft, auch nicht „den Abschied von L.[andschaft] als ästhetischen Begriff", aber auch nicht, dass Landschaft fortan ausschließlich zu „einem Begriff der praktischen Philosophie" wird (Piepmeier, 2019, Spalte, 27). Stattdessen öffnet sich das historisch überkommene Konzept der ‚ästhetischen Landschaft' *neben* einem *ästhetischen* Zugang für philosophische Zugänge auch anderer Art, etwa ökologischen, gesellschaftlichen, konstitutionstheoretischen oder anderweitigen Fragestellungen. Es handelt sich dabei um ein Ergänzungs-, nicht um ein Ersetzungsverhältnis.

4.7 Zwischenfazit

Das philosophische Landschaftsverständnis gründet weitgehend auf einem ästhetischen Landschaftsbegriff, der im 18. Jahrhundert von der Ästhetik als neu etablierter philosophischer Disziplin entwickelt wurde. Der neuzeitliche ästhetische Landschaftsbegriff wurde zuerst im Deutschen Idealismus von Kant, Schelling und Hegel berücksichtigt, im 19. und 20. Jahrhundert insbesondere durch Burckhardt, Simmel und Ritter erneut in die Diskussion eingebracht. Der vermeintliche Verlust des Substrates ästhetischer Landschaft führte in der Philosophie zu Forderungen nach Naturschutz, neuerdings werden auch die Stadt als Landschaft gesehen und entsprechend reflektiert sowie Anregungen gegeben, das traditionelle ästhetische Landschaftskonzept aus dessen Trennung von gesellschaftlicher Praxis zu lösen und im Rahmen des Konzeptes der Landschaftsgestaltung in gesellschaftliche Praxis zu reintegrieren. In den letzten Jahrzehnten öffnete sich die Philosophie zaghaft und vereinzelt für Fragen des Naturschutzes, der Ökologie, der Stadtlandschaft und der Landschaftsgestaltung. Der philosophische Diskurs ist dennoch insbesondere dadurch gekennzeichnet, dass ‚Landschaft' fast ausschließlich mit ‚Natur' oder ‚Naturschönem' gleichgesetzt wird (vgl. etwa die Kritik von Küster, 2008 & Burckhardt, 2008), sowie – qua ästhetischer Perspektive, die durch Distanz eines betrachtenden Subjekts zu einem betrachteten Gegenstand gekennzeichnet ist – durch die sogenannte ‚Subjekt-Objekt-Differenz'. Entsprechend der genannten ‚Subjekt-Objekt-Differenz' wurden und werden in der Philosophie entweder die Objekt- oder die Subjektseite der Integration näher untersucht, neuerdings wird diese Dichotomisierung durch phänomenologische oder die Akteur-Netzwerk-Theorie hinterfragt und zu überwinden versucht. Aktuell ist festzustellen, dass Landschaft in der Philosophie und Landschaftsästhetik, bis auf gelegentliche Ausnahmen (beispielsweise Arntzen und Brady, 2008; Bahr, 2014; Brady, 2003; D'Angelo, 2021; Hasse, 2013; Hoeres, 2004; Jankowski et al., 2010; Krebs, 2015; Parsons, 2008; Röttgers & Schmitz-Emans, 2005; Smuda, 1986; Trepl, 2012), wenig Beachtung findet.

4.7 Zwischenfazit

Aus dieser knappen Zusammenfassung des aktuellen Forschungsstandes zu philosophischen Landschaftsverständnissen vor und nach Simmel wird deutlich, dass die aktuelle philosophische Forschung in folgenden Aspekten über Simmel hinausreicht:

1. Die für den ästhetischen Landschaftsbegriff konstitutive Trennung des ästhetisch angeschauten und als ‚Landschaft' bezeichneten Raums von der gesellschaftlich angeeigneten Natur, damit vom Bereich der Arbeit und gesellschaftlichen Praxis, wird hinterfragt. Angestrebt wird aktuell eine *Gestaltung* der Landschaft im Zuge ihrer Reintegration in gesellschaftliche Praxis.
2. Die für philosophische Landschaftsverständnisse leitende ‚Subjekt-Objekt-Differenz' wird neuerdings durch phänomenologische oder die Akteur-Netzwerk-Theorie hinterfragt und zu überwinden versucht.
3. Die von Simmel aufgegriffene Diskussion um ‚Stimmungen' wird neuerdings als diejenige um ‚Atmosphären' weitergeführt. Interessant dabei ist, dass Simmel bereits einer einseitigen Auslegung von ‚Stimmungen der Landschaft' skeptisch gegenübersteht. Er weist darauf hin, dass, da Landschaft als ‚geistiges Gebilde' zu verstehen ist, ‚Stimmungen der Landschaft' sowohl subjektive ‚Ursache' als auch ‚Wirkung' im Sinne einer ‚vollen Objektivität' an der Landschaft habe (Simmel, 1957 [1913], S. 150). Damit ist Simmel vor über 100 Jahren und nach langen Kontroversen, die „nicht immer auf dem Niveau von Simmel" (Mahler, 2019, S. 87) ausgefochten wurden, bereits dort, wo heutige Diskussionen um ‚Atmosphären' jetzt erst stehen.
4. Heutige Diskussionen beklagen einen Verlust des Substrates ästhetischer Landschaft, was in der Philosophie seit einigen Jahrzehnten zu Forderungen nach Naturschutz führte.
5. In den letzten Jahrzehnten öffnete sich die Philosophie zaghaft und vereinzelt für Fragen nicht nur des Naturschutzes, sondern auch der Ökologie, der Stadtlandschaft und der Landschaftsgestaltung.
6. Über Simmel hinaus kann inzwischen in der Philosophie auch die Stadt als Landschaft gesehen werden.
7. Gegenüber Simmel bleibt die philosophische Diskussion in einem Aspekt auffällig zurück: Simmel entwickelt in seinem Landschaftsansatz eine rudimentäre Skizze prototheoretischer Überlegungen zum ästhetischen Landschaftsbegriff, indem er die Landschaftsmalerei – ähnlich wie später Husserl (Husserl, 1954) mit Blick auf die Wissenschaft – in ihrer Beziehung zum ‚Leben' und zur ‚Erkenntnis' befragt: „Das empirische, sozusagen unprinzipielle Leben enthält nämlich fortwährend Ansätze und Elemente jener Gebilde, die sich aus ihm zu ihrer sich selbst gehörigen, nur um die eigene Idee kristallisierenden Entwicklung aufringen" (Simmel, 2019c, S. 13). Hingegen seien die Methoden und Normen der Wissenschaft „in all ihrer unberührten Höhe und Selbstherrlichkeit […] doch die verselbständigten, zur Alleinherrschaft gelangten Formen des alltäglichen Erkennens. Diese sind freilich bloße Mittel der Praxis […]; in der Wissenschaft aber ist das Erkennen Selbstzweck geworden […] die Reinheit und

Prinzipwerdung jenes, durch das Leben und die Welt des Alltags verstreuten Wissens" (Simmel, 2019c, S. 14). An diesen Gedanken wäre prototheoretisch anzuknüpfen.

Die Philosophie ist inzwischen hinter die Sozialwissenschaften zurückgefallen, was in wissenschaftlicher Perspektive nachteilig ist, da Sozialwissenschaften auch von philosophischen Kategorien zehren, die im Falle des Themas ‚Landschaft' seit Jahrzehnten nicht mehr den Erfordernissen der Zeit gemäß weiterentwickelt oder reformuliert werden. Das traditionelle Konzept der ‚ästhetischen Landschaft' wäre um weitere Aspekte und Fragestellungen außerästhetischer Art zu ergänzen. Eine wissenschaftlich sich ergänzende und gewinnbringende Kooperation von Philosophie und Sozialwissenschaften ist daher ein Desideratum.

Das Verhältnis von Natur und Landschaft – eine Interpretation unter Rückgriff auf die Drei-Welten-Theorie Karl Poppers

In den beiden vorangegangenen Kapiteln wurde deutlich, dass sich sozialwissenschaftliche und philosophische Landschaftsbegriffe – trotz des beiderseitigen Rückgriffs auf Simmel – durchaus fundamental unterscheiden. Im Kern lässt sich dieser Unterschied an der Bedeutung von ‚Natur' festmachen. Während in der Philosophie ‚Natur' noch immer den zentralen Bezugspunkt für die Entwicklung ihres Landschaftsverständnisses bildet, haben sich sozialwissenschaftliche Zugriffe diversifiziert. Diese Differenzierung findet sich zum einen auf der Ebene von Landschaft 1, hier hat nicht allein das Bewusstsein Einzug gehalten, dass Landschaft 1 auch kulturelle Elemente aufweist, sondern es hat sich zunehmend eine Sensibilität für kulturelle und natürliche Hybride durchgesetzt. Zum anderen findet sich diese Differenzierung auch auf Ebene der Landschaft 3c, hinsichtlich unterschiedlicher theoretischer Zugriffe auf Landschaftsbegriffe. Bevor wir uns indes ausführlicher dem Vergleich sozialwissenschaftlicher und philosophischer Landschaftsverständnisse widmen (Kap. 7) werden wir uns in diesem Kapitel mit dem Verhältnis von Natur und Landschaft unter Rückgriff auf die Poppersche Drei-Welten-Theorie befassen (danach werden wir in Kap. 6 noch unser Kritikverständnis darlegen).

5.1 ‚Landschaft' in Perspektive: Die Relationen zu ‚Raum' und ‚Natur' sowie die Rückbindung des abstrakten Begriffs der Landschaft an sensorische Wahrnehmungen und einfache Begriffe.

Dass der Begriff der Landschaft nicht einfach als Teilmenge des Begriffs von Raum verstanden werden sollte, wurde bereits in Abschn. 3.2 begründet und in Abb. 3.1 grafisch dargestellt. In Abb. 5.1 verdeutlichen wir, dass der Begriff der Landschaft nicht als Teilmenge von dem Begriff der Natur verstanden werden sollte, was wir im Folgenden genauer begründen werden.

Wie der Begriff der Landschaft ist jener der Natur ein solcher, der nicht aus der puren Anschauung gewonnen werden kann, sondern aus der Relationierung von einfachen und anderen komplexen Begriffen entsteht. Dies erfordert eine kurze Erläuterung unseres Verständnisses der Relationierung von Begriffen: Vorbegrifflich verstehen wir sensorische Empfindungen, wie die Empfindung von Härte, Kälte, Geruch etc. Sobald diese sprachlich gefasst werden, entstehen einfache Begriffe. Diese einfachen Begriffe sind Ergebnis des leibvermittelten Erlebens der Welt 1 durch die Welt 2 auf Grundlage der aus Welt 3 sozialisierten Sprache. Insofern sind bereits diese einfachen Begriffe durch Welt 3 beeinflusst. Größer wird der Einfluss von Welt 3, wenn aus der sprachlichen Fassung sensorischer Empfindungen Begriffe gebildet werden, die stärker synthetisch ausgerichtet sind, etwa wenn aus der Synthese optischer und haptischer Reize vor dem Hintergrund des Erlernten ein Stein, eine Blume oder ein Gebäude bewusstseinsintern erzeugt wird. Hier ist der Welt 1-Bezug noch stark präsent. Komplexer wird der Begriff dann, wenn aus diesen unmittelbar auf Objekte der Welt 1 bezogenen Synthesen weitere Synthesen gebildet werden. Hier ist der Einfluss der Welt 3 noch stärker, wie beim Begriff der Landschaft: Hier entsteht eine Synthese von bereits synthetisierten Objekten (und Objektkonstellationen), einzelne (meist allein stehende Bäume) werden unter Nutzung der Konventionen der Welt 3 zur Synthese von ‚Landschaft' herangezogen, aber auch ‚Wald' (der bereits eine Zusammenschau von Bäumen darstellt). Aus der Synthese eines einfachen Begriffs entsteht ein

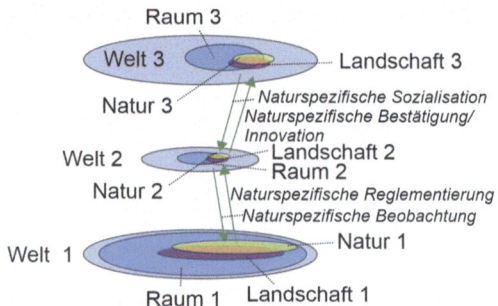

Abb. 5.1 Begriffliche Verhältnisse der drei Welten mit drei Räumen, Landschaften und Naturen, in Erweiterung von Abb. 3.1 (Eigene Darstellung)

komplexer Begriff. Noch weiter von Welt 1 entfernt lassen sich abstrakte Begriffe verstehen, diese lassen sich als Begriffe über Begriffe auffassen. Diese abstrakten Begriffe befassen sich etwa damit, wie Landschaft 2 aus den Verständnissen von Landschaft 3 entsteht. Der als Landschaft 1 synthetisierte Raum 1 ist dabei nebensächlich. Diese Ebene der Abstraktion lässt sich als die Ebene der Theorien verstehen. Weiter abstrahiert und damit noch weiter von Welt 1 entfernt, lässt sich die Ebene der Theorien über Theorien (etwa die Wissenschaftstheorie) einordnen, wobei die Abstraktion – und damit die Bedeutung von Welt 3, hier insbesondere dann in c-modalem Modus – zunimmt. Der a-modale Zugriff ist insbesondere auf der Ebene der einfachen bis komplexen Begriffe zu finden, der b-Modus insbesondere auf jener der komplexen Begriffe und (popularisierter) Theorien. Der Begriff der Landschaft bezieht seine Kontingenz nicht zuletzt daraus, dass er schwerpunktmäßig komplexe und abstrakte Zugänge adressiert, aber auch von vorbegrifflichen sensorischen Empfindungen bis hin zur Theorie über Theorien (infolge der Zunahme an Landschaftstheorien) ausgreift und dabei in unterschiedlicher Intensität auf a-, b- und c-modale Deutungs-, Kategorisierungs- und Bewertungsmuster zurückgreift (Abb. 5.2).

Abb. 5.2 Zusammenhänge zwischen begrifflicher Weltbefassung und vorbegrifflicher Weltzuwendung zwischen Abstraktheit (Theorien über Theorien) und Konkretheit (sensorische Empfindungen), mit Beispielen aus dem Kontext ‚Landschaft'. Je abstrakter die Begriffe, desto stärker wirkt die Welt 3 auf die Welt 2 ein, je konkreter, desto stärker ist das leibvermittelte Einwirken von Welt 1 auf Welt 2. Die unterschiedlichen Modi der Landschaftskonstruktion vollziehen sich dabei schwerpunktmäßig auf unterschiedlichen Ebenen der Abstraktheits-Konkretheits-Polarität: Die Konstruktion von Landschaft im a-Modus ist stärker dem Konkreten, die des b-Modus den komplexen Synthesen und den Synthesen von Synthesen zugetan, der c-Modus findet seine konstitutive Ebene im Abstrakten (eigener Entwurf)

Es lässt sich entsprechend feststellen, dass der Begriff der Landschaft nicht auf der einfachen Erfahrung der Welt 1 basiert, sondern in dem Wechselspiel von Welt 3 und Welt 2 entsteht. Dieses Ergebnis wird dann unter Synthese von Synthesen in Raum 1 projiziert. So wenig wie Landschaft – jenseits der Welt 2 – lediglich als begriffliche Teilmenge von Raum gefasst werden sollte, sollte Landschaft auch nicht als begriffliche Teilmenge von Natur verstanden werden, auch wenn dies in der philosophischen Begriffsbildung weit verbreitet ist, wie in Kap. 4 gezeigt (Abb. 5.1). Für eine gleichwertige Konzeptionalisierung der Begriffe von Natur und Landschaft (und nicht die Unterordnung des Begriffs der Landschaft unter den der Natur) sprechen unterschiedliche Gründe: Wie ausgeführt, werden Landschaften in der aktuellen c-modalen Diskussion als Naturkulturhybride verstanden, wodurch auch urbane Räume als Stadtlandschaften beschrieben werden. Auch greift der Begriff der Natur deutlich über den der Landschaft hinaus, wenn etwa von ‚innerer Natur' gesprochen wird, ein Topos, der gerade in der kritischen Theorie verbreitet ist, wenn von der Entfremdung des Menschen von der ‚inneren' und ‚äußeren Natur' gesprochen wird (Dubiel 1992; Horkheimer & Adorno, 1969). Dagegen umfasst – wie bereits in Kap. 3 vermerkt – der Begriff der Landschaft durchaus Aspekte, die kaum als ‚Natur' gefasst werden können, etwa die metaphorische Bedeutung von Parteienlandschaft, Religionslandschaft oder Bildungslandschaft. Hier wird die semantische Bedeutung des Suffixes ‚-schaft' oder ‚-scape' in germanischen Sprachen deutlich, das auf die wechselseitige Bezogenheit von Elementen abzielt, wie sie auch aus Worten, wie ‚Mannschaft' oder ‚Vorstandschaft' deutlich wird (zum etymologischen Begriffsverständnis von Landschaft siehe: Berr & Kühne, 2020; Berr & Schenk, 2023; Gruenter, 1975; Müller, 1977; Schenk, 2001, 2013, 2017). Darüber hinaus hat sich mit der Entwicklung Virtueller und Augmentierter Welten die Möglichkeit ergeben, den Rahmen der Kontingenz hinsichtlich der Konstruktion von Landschaft zu erweitern (unter vielen: Edler et al., 2019; Edler, Husar et al., 2018; Edler, Kühne et al., 2018; Fontaine, 2020; Koegst, 2022a; Kühne, 2021c; Lange, 2001), eine Erweiterung, die schwerlich von einem Verständnis von ‚Landschaft' als untergeordnete Teilmenge von ‚Natur' ableitbar wäre.

Begriffe wie ‚Natur' und ‚Landschaft', aber auch ‚Stadt' stellen eine Synthese von Synthesen dar. Diese Art von Begriffen können auch als ‚Reflexionsbegriffe' konzipiert werden. Der Technikphilosoph Christoph Hubig hat dieses Konzept in Anlehnung an die Ausführungen zur ‚Amphibolie der Reflexionsbegriffe' von Immanuel Kant (1959 [1781]) bereits für die Technikwissenschaften adaptiert und weiterentwickelt (Hubig, 2006; Hubig, 2011; Hubig & Luckner, 2006). Hubig verweist hierzu auf die bereits im ‚Deutschen Idealismus' diskutierte Problematik der „fundamentalen Aporie unseres Weltverhältnisses" (Hubig, 2011, S. 97), die sich insbesondere auch in Erkenntnisbemühungen und Begriffsbildungen manifestiert:

Einerseits „zielen unsere Erkenntnisbemühungen auf die Freilegung unseres Status und unserer Verortung in der Welt" (Hubig, 2011, S. 97) und die Schwierigkeit, „zu erklären, wie das Verhältnis desjenigen Geistes", der diese Weltverhältnisse „als Teil der Welt modelliert, als Moment eben des derart Modellierten erfaßt werden kann" (Hubig, 2011, S. 98).

Andererseits „rücken uns" alle „Versuche, unsere Weltverhältnisse als Teil der Welt zu *begreifen* [...] in die Position, mit den unterschiedlichen Optionen eines solchen Begreifens umgehen zu müssen. [...] Die Reflexion vermag sich nur selbst zu potenzieren, nicht aber in die Welt zu integrieren, die ihr eigentliches Erkenntnisziel ist" (Hubig, 2011, S. 98).

Wird diese Aporie nicht beachtet, erfolgen objekt- oder reflexionsstufige Bestimmungen der Begriffe ‚Technik', ‚Natur' und ‚Kultur' häufig ohne Reflexion des eigenen theoretischen Standpunktes und münden daher in „dogmatische Systeme" (Hubig, 2011, S. 105). Hubig plädiert deshalb dafür, die Begriffe ‚Natur' und ‚Kultur' am Leitfaden des Begriffs ‚Technik' als *Reflexionsbegriffe* im Kantischen Sinne zu rekonstruieren. Wenn man in Anlehnung an Kant zwischen empirischen Allgemeinbegriffen, logischen Reflexionsbegriffen und transzendentalen Reflexionsbegriffen unterscheidet (vgl. Nerurkar, 2008), lassen sich *Allgemein*-Begriffe als objektstufige Regeln zur Subsumption von Vorstellungen unter Gegenstandsklassen, *logische* Reflexionsbegriffe als immerhin höherstufiger als Allgemeinbegriffe, aber dennoch objektstufige „Oberbegriffe bzw. Titelworte für Vorstellungen über das, was es gibt" (Hubig & Luckner, 2006, S. 291) bestimmen. Sie lassen sich daher auch als ‚Inbegriffe' (Hubig, 2006) oder angesichts der Höherstufigkeit der Reflexionstermini gegenüber Prädikatoren als ‚Metaprädikate' (Janich, 2001, 2014) charakterisieren.

‚*Transzendentale* Reflexionsbegriffe' beziehen sich nicht direkt auf Gegenstände, Vorstellungen oder Konstitutionsbedingungen von Gegenständen, sondern ordnen Vorstellungen einem spezifischen ‚Erkenntnisvermögen' im Sinne Kants zu. Da ‚Technik' auf einen *praktischen* Weltbezug verweist, ist Hubig zufolge „Kant unter Beibehaltung seiner Architektur zu ergänzen bzw. zu modifizieren" und entsprechend der *Bezug* der Reflexionsbegriffe ‚Technik', ‚Kultur' und ‚Natur' auf das „Handlungsvermögen als Vermögen der Freiheit herzustellen bzw. zu unseren Vorstellungen hiervon" (Hubig, 2011, S. 117). Da die „basale Vorstellung", die wir mit dem Handlungsvermögen verbinden, subjektive *Freiheit* als „Disponibilität von Mittel- und Zwecksetzungen" (Hubig, 2011, S. 118) sei, zeige ‚Technik' *als ‚transzendentaler Reflexionsbegriff'* an, dass wir Tätigkeiten, „Verfahren, Vollzüge und deren Resultate nach Maßgabe ihrer Disponibilität bzw. Verfügbarkeit relativ zu unserem Freiheitsanspruch identifizieren" (Hubig, 2011, S. 118) können. Entsprechend zeige ‚Natur' als Reflexionsbegriff „abduktiv erschlossene (mithin unsicher unterstellte) Wirkschemata bezüglich der Realisierung unseres Freiheitsanspruchs" relativ zum Stand der Technik und Kultur an: Wir interpretieren dies als Widerständigkeit bzw. ‚In-Disponibilität'. ‚Kultur' als Reflexionsbegriff zeige „Schemata der Mittel-Zweck-Verknüpfung" an, die „bedingt nicht-disponibel [sind], sofern die Realisierung eines konkreten Zweckes für erforderlich gehalten wird" (Hubig, 2011, S. 119). *Was* allerdings als disponibel oder nicht-disponibel *anerkannt* wird, kann Hubig zufolge keineswegs theoretisch fundiert, sondern nur *pragmatisch* entschieden und gerechtfertigt werden – und zwar im Rahmen „unterschiedlicher normativer Orientierung" (Hubig, 2011, S. 119). Je nach Art der Orientierung konnten daher bislang unterschiedliche Konzepte von Technik, Natur und Kultur entwickelt werden, für Hubig letztlich als „Manifestation reflexiver Kultur" (Hubig, 2011, S. 119).

Die Frage ist, in welcher Weise sich Begriffe wie ‚Natur', ‚Landschaft' und ‚Stadt' als Synthesen von Synthesen auf die Kantischen ‚Vermögen des Gemüts' (Kant, 1990) beziehen lassen. Grundsätzlich lassen sie sich auf das *Erkenntnis*vermögen (Sinnlichkeit und Verstand) oder mit Hubig in Ergänzung zu Kant auch auf das „*Handlungs*vermögen als Vermögen der Freiheit" (Hubig, 2011, S. 117) beziehen. Das Erkenntnisvermögen ist involviert an der „Stelle, welche wir einem Begriff entweder in der Sinnlichkeit, oder im reinen Verstand erteilen", die Kant als „transzendentale Topik" (Kant, 1959 [1781], B 324) bezeichnet. Angesprochen sind demnach die oben differenzierten und beschriebenen Weisen der Begriffsbildung im Zusammenspiel von Sinnlichkeit und Verstandesleistung. Die Begriffe ‚Natur', ‚Landschaft' und ‚Stadt' lassen sich auf diese Weise auf die epistemologischen Bedingungen ihrer Möglichkeit zurückverfolgen und begründen bzw. plausibilisieren. Da solche Begriffe in praktischen Kontexten (Planung, Politik, gesellschaftliche Konflikte etc.) auch evaluativ oder normativ verwendet werden, ist im Rahmen dieser praktischen Weltbezüge auch ein Bezug auf das Handlungsvermögen erforderlich. Die mit diesem Bezug, so unser Vorschlag, verbundene „basale Vorstellung" (Hubig, 2011, S. 118) ist die der Freiheit als Möglichkeit oder Fähigkeit, die Widerständigkeit und Unwirtlichkeit räumlicher Umwelt zu überwinden und die Welt *bewohnbar,* d. h. human zu *gestalten,* um menschengemäß wohnen bzw. leben zu können (zu ‚Bewohnbarkeit' vgl. näher Berr, 2023). Die Begriffe ‚Natur', ‚Landschaft' und ‚Stadt' lassen sich auf diese Weise auf die handlungstheoretischen Bedingungen ihrer Möglichkeit zurückverfolgen und begründen bzw. plausibilisieren.

Was allerdings *konkret* als bewohnbar oder nicht-bewohnbar anerkannt wird, kann nicht theoretisch fundiert, abgeleitet oder begründet, sondern nur pragmatisch *entschieden* und *gerechtfertigt* werden. Denn die Gestaltung, Bebauung, Hege, Pflege und Umwandlung der Städte und Landschaften ist eine gleichsam „sittlich-politische" (Höffe, 1981) Frage, die nicht ausschließlich theoretisch beantwortet, sondern auch in mühsamen politischen Deutungs- und Aushandlungsprozessen entschieden werden muss. ‚Natur', ‚Landschaft' und ‚Stadt' als Reflexionsbegriffe sind keine objektstufigen Handlungsrezepte, sondern metastufige Orientierungsvorschläge, wie man mit Vorstellungen bzw. Begriffen auf der Konstrukt-Ebene theoretischer Begriffe umgehen kann und sollte. Die Frage, die sich auf dieser Ebene stellt, ist die, wie wir diese Begriffe oder Vorstellungen, wenn wir über diese kulturellen Phänomene und Lebensformen theoretisieren, *gebrauchen.*

5.2 Natur als notwendige, aber nicht hinreichende Grundlage für Landschaft

Landschaft lässt sich demnach nicht vollumfänglich aus Natur ableiten, wohl aber lässt sich zeigen, dass Natur Voraussetzung dafür ist, dass sich Landschaft in dem zu Beginn des Kapitels beschriebenen gradativen Reflexionsverlauf als Landschaft herausbilden kann. Aus diesem Reflexionsverlauf geht hervor, dass Landschaft eine Ordnungsfunktion hat. Das heißt, sie ist „eine Institution, die Natur für den gesellschaftlich lebenden Menschen" durch „Ordnung" verfügbar macht (Eberle, 1980, S. 16). Indem Natur dasjenige ist, was durch Landschaft geordnet wird, ist sie der Ordnung vorgängig und das heißt auch, dass sie im Erkenntnisprozess vor der Landschaft da ist. Diese Voraussetzung ist in zweifacher Hinsicht bestimmbar.

Einerseits wird Natur als das ‚Ursprüngliche' konstruiert. Für den Menschen ist sie qua seiner eigenen Sinnlichkeit, beziehungsweise seiner eigenen Natur, das Erste, was ihn mittels Affekt, Empfindung und Gefühl mit der Umwelt verbindet. In Ausdeutung des Lockeschen Theorems, „nichts ist im Verstand, was nicht vorher in den Sinnen gewesen wäre" (Locke, 2000, 1. Buch) zeigen der Sensualismus (Hirschberger, 2007, S. 9 ff.), Theorien zum Reiz-Reaktionsschema (Chomsky, 1981) oder die anthropologische Sichtweise von Widerfahrnis je auf ihre eigene Weise, dass sich in dieser ursprünglichen Verbundenheit mit der Umwelt für den Menschen ein zunächst noch relativ unbestimmtes Objekt manifestiert, das erst durch zunehmende Reflexion konkret wird. Natur in diesem Deutungshorizont auszulegen, besagt, dass etwas dem Menschen widerfahren muss, damit er Material für das Begreifen hat und dieses dann als Begriffenes in eine Ordnung bringen kann. Demnach hat „das erste und das letzte Wort [...] für uns nicht unser eigenes Handeln" (Kamlah, 1973, S. 35), sondern das, was „uns *bezogen auf unsere Bedürftigkeit*" (Kamlah, 1973, S. 36), die wir ursprünglich als Natur unseres Selbst erleben, widerfährt. Menschliche Natur und die äußere Natur stehen in einem ursprünglichen Bedingungsverhältnis. *Andererseits ist Natur in ihrer Ursprünglichkeit als das vor jeder Ordnung vorhandene Andere des Lebens bestimmbar, das sich der Verfügung von Taxonomien und reflexiven Zugriffen entzieht.* Als verborgenes bzw. nicht vollends aufgeschlüsseltes Phänomen ist sie ein Sehnsuchtsort, der dem eigenem, durch Zivilisation und Verstädterung von der Natürlichkeit entfremdeten Leben gegenübergestellt wird (Vico, 2000). Natur, in ihrem ewigem, unerschütterlichem organischem Wandel zwischen Entstehen und Vergehen, bietet als etwas Unverfälschtes und nicht völlig Verfügbares, Aufgehobensein und Zuflucht vor den Krisen des Lebens durch Krieg, politische und wirtschaftliche Missstände und persönlicher Ausweglosigkeit – eine Fragilität des Seins, der letztlich auch Landschaft als Kulturprodukt des Menschen ausgesetzt ist. Natur hingegen ist unabhängig vom Menschen selbstgenügsam und aus sich selbst heraus da. Als solche stellt sie eine beständige Aufgabe für die menschliche Erkenntnis dar. So spricht Goethe von der „Unmöglichkeit", von der „Natur [...] überhaupt Rechenschaft ablegen zu wollen" (Goethe, 1949, S. 87).

Natur als das Landschaft Vorhergehende, sie Bedingende, ist selbst unhintergehbar, während Landschaft hintergehbar ist. Landschaft ihrerseits hat zwar ihre Voraussetzungen in der Natur, sie ist aber nicht auflösbar durch Natur und sie ist ihr auch nicht untergeordnet, weil zum Teil Aspekte unter ihren Begriff fallen, die mit Natur gar nichts zu tun haben (vgl. Kap. 3).

Vorüberlegungen zu Dimensionen und Arten von Kritik

Unsere Untersuchung zu Landschaftsbegriffen in Philosophie und Sozialwissenschaften umfasst nicht zuletzt deren Kritik. Insofern erscheint es vor dem Hintergrund des Anspruchs, die Grundlagen der eigenen wissenschaftlichen Zuwendung zum Thema für mögliche Kritik offenzulegen, erforderlich, unser Verständnis von Kritik zu umreißen. Dabei sind zwei traditionelle, in der Literatur behandelte Aspekte des Kritik-Begriffs zu berücksichtigen: erstens der Umstand, dass jede Kritik ein Kriterium ihrer Kritik benötigt, zweitens die Unterscheidung von interner (oder immanenter) und externer (oder transzendenter) Kritik (vgl. exemplarisch Stederoth, 2011). Kritik braucht einen Maßstab, mit dem das zu Kritisierende abgeglichen und bewertet werden kann. Strittig ist bis dato, ob der Maßstab ein absoluter sein muss oder auch nicht-absolut sein kann. Obwohl die Logik eines Kriteriums dann, wenn es nicht-absolut ist und eine starke Begründung nicht ermöglicht, in einen unendlichen Regress führen muss (Stederoth, 2011, S. 1353), stellen wir eine solche Forderung nicht auf. Stattdessen plädieren wir neopragmatisch dafür, den Maßstab bzw. das Kriterium der im Folgenden differenzierten Kritikformen aus dem jeweiligen konkreten Zweck der Forschung oder der Kritik abzuleiten. Außerdem muss das Kriterium der Kritik mit den Maßstäben des Kritisierten in Beziehung gesetzt werden können (Stederoth, 2011, S. 1354). Interne oder immanente Kritik lässt sich auf die Maßstäbe des Kritisierten ein und prüft, ob und inwieweit das Kritisierte diesen eigenen Maßstäben gerecht wird. Externe oder ‚transzendente' Kritik beurteilt das Kritisierte nur an den Maßstäben eigener Kritik.

Ein klassisches Verständnis von Kritik geht auf Immanuel Kant (1959 [1781]) zurück. Er verstand unter Kritik die transzendentale Selbstprüfung der Vernunft, die die Grenzen (gr. krínein, unterscheiden, Grenzen ziehen) der Reichweite und Geltung ihrer epistemischen, moralischen und ästhetischen Urteile absteckt. Dabei werden diese Urteile regressiv auf die Bedingungen ihrer Möglichkeit befragt, die diesen Urteilen jeweils die entsprechenden Grenzen setzen. Dagegen basiert das Kritikverständnis der ‚Kritischen Theorie' der ‚Frankfurter Schule' – im Rückgriff auf Karl Marx und Sigmund Freud – auf dem Anspruch, die nicht offensichtlichen Macht- und Herrschaftsstrukturen der Gesellschaft zu enttarnen (1969). So seien „die Tatsachen, die uns die Sinne zuführen, [...] in doppelter Weise gesellschaftlich vorgeformt: durch den geschichtlichen Charakter des wahrgenommenen Gegenstandes und den geschichtlichen Charakter des wahrnehmenden Organs" (Horkheimer, 1977 [1937], S. 17). Eine weitere Quelle ‚kritischer Wissenschaft' basiert auf den Machtanalysen Michel Foucaults (2012[1985]). Dieser lehnt die Vorstellung von einem zentrierten, hierarchisch strukturierten Machtgefüge ab. Stattdessen geht er davon aus, Macht sei omnipräsent und jeder sozialen Beziehung innewohnend, eine Perspektive, die um bereits dargestellte diskurstheoretische wie auch more-than-representational-Ansätze (Assemblage-Theorie, Akteurs-Netzwerk-Theorie) erweitert wird. Wobei wiederum der Fokus auf die Untersuchung von Machtverhältnissen, insbesondere in Staat und Wirtschaft, gerichtet ist (Glasze et al., 2021; Mattissek & Wiertz, 2014; Miggelbrink, 2014). Aus dieser Haltung heraus erwachsen allerdings auch Gefahren, auf die Hillary Putnam dezidiert hinweist (Putnam, 1997, S. 168): „Unsere ‚Maßstäbe' verlangen nicht nur rationale Nachkonstruktion, sondern auch Kritik. Kritik bedarf jedoch auch der Argumente, nicht die Preisgabe der Argumente. Die Anschauung, die Linke brauche nichts weiter zu tun, als das Bestehende niederzureißen, ohne über die Frage zu diskutieren, was an seine Stelle treten könnte, ist die gefährlichste von allen politischen Vorschlägen – und überdies ein Vorschlag, den sich die Rechtsextremen ohne weiteres zu eigen machen könnten". Insofern erweist sich eine vollständige – insbesondere moralisch induzierte – ‚Dekonstruktion' als gesellschaftlich problematisch, denn so lange Dekonstruktion – Hillary Putnam (1997) folgend – Vorurteile, Stereotype, wie auch liebgewonnene und nicht hinterfragte Überzeugungen ins Wanken zu bringen, uns auf unsere blinden Flecken aufmerksam zu machen versucht, hat sie eine produktive Funktion sowohl in Wissenschaft wie auch in Gesellschaft. Wenn indes „die Moral der Dekonstruktion darauf hinausläuft, dass alles ‚dekonstruiert' werden kann, hat die Dekonstruktion keine Moral" (Putnam, 1997, S. 252; Hervorhebung im Original). Letztlich warnt Putnam demnach vor der Totalisierung der Kritik, die außer ihrem eigenen Maßstab keine anderen Maßstäbe mehr anerkennen kann. Sämtliche Formen des Totalitarismus (ob politisch, religiös, ökonomisch oder ‚kritisch') sind a-sozial und a-moralisch, weil sie die Maßstäbe anderer nicht berücksichtigen, sondern unterdrücken oder gar vernichten wollen.

Im Folgenden werden wir – in Rückgriff auf unsere Überlegungen zu begrifflicher Weltbefassung und vorbegrifflicher Weltzuwendung (Abschn. 5.1; hier insbesondere Abb. 4.2) – unterschiedliche Arten von Kritik vorstellen, auf die wir uns im folgenden Text immer wieder beziehen. Dabei beziehen wir uns auf die Dimensionen der Polarität

6 Vorüberlegungen zu Dimensionen und Arten von Kritik

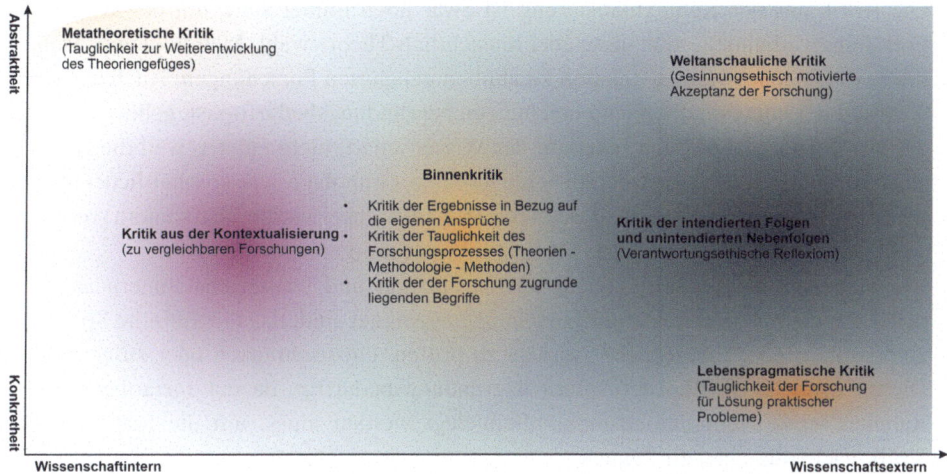

Abb. 6.1 Unterschiedliche Arten der Kritik, verortet in die Dimensionen Abstraktheit und Konkretheit sowie wissenschaftsintern und wissenschaftsextern (Eigene Darstellung)

Abstraktheit und Konkretheit sowie jener von wissenschaftsinterne und wissenschaftsexterne Kritik (Abb. 6.1). Die sechs von uns identifizierten Arten von Kritik sind in diesem zweidimensionalen Feld nicht eindeutig abzugrenzen, sondern haben mehr oder minder große Bezugsbereiche, was durch entsprechende Farbverläufe gekennzeichnet ist. Im Folgenden unterscheiden wir sechs Arten der Kritik:

1. Die Binnenkritik (vgl. z. B. Stederoth, 2011; Boltanski, 2010; Jaeggi, 2009; Stahl, 2013). Dabei handelt es sich um die elementarste Form der Kritik. Bezugsgröße ist dabei der Rahmen der jeweiligen Forschung, d. h. es wird gefragt, ob der selbst formulierte Anspruch erfüllt wird. Damit verbunden ist die Kritik der Tauglichkeit des Forschungsprozesses, ob Theorie(n) passend gewählt war(en), ob methodologische Reflexionen ausreichend die Fragestellung(en) und Theorie(n) zu den geeigneten Methoden geführt haben und ob diese Methoden angemessen waren, sprich zu tauglichen Ergebnissen geführt haben. Nicht zuletzt bezieht sich die Binnenkritik auch auf die Frage, ob zentrale Begriffe der Arbeit gepasst haben, hinreichend klar formuliert und auch kontextualisiert waren. Diese selbstreferenzielle Kritik wird einerseits als Reflexion des eigenen Vorgehens vollzogen werden, sie kann aber auch von außen (etwa von Reviewer~innen oder Rezensent~innen) an die Forschung herangetragen werden. Im zweiten Fall liegt bei externen Kritikern kaum eine Begründungslast, da die Maßstäbe der Kritik in der kritisierten Forschung selbst zu finden sind. Die Binnenkritik kann letztlich auf allen Abstraktionsebenen angesiedelt sein, sie wird eher wissenschaftsintern vollzogen, kann aber auch wissenschaftsextern erfolgen.

2. Die Kritik aus der Kontextualisierung ist zwar noch immer stark mit der kritisierten Forschung verbunden, setzt diese aber hinsichtlich Theoriewahl, Methodologie, Methodik bzw. Datenauswahl in Relation zu ähnlich gelagerten Forschungen. Auch wenn die Auswahl der kontextualisierten Forschungen begründungsbedürftig ist, gehört diese Art der Kritik zum elaborierten Standard der Wissenschaft, nicht zuletzt, weil die Berücksichtigung der relevanten Literatur eine zentrale Grundlage wissenschaftlicher Arbeit darstellt. Insofern lässt sich diese Art der Kritik eher wissenschaftsintern verorten, wobei sie auch unterschiedliche Grade an Abstraktion annehmen kann.
3. Die metatheoretische Kritik wiederum ist abstrakt und wissenschaftsintern angesiedelt. Sie prüft, ob und inwiefern Forschungen geeignet sind, das theoretische Spektrum zu erweitern oder theoretische Ansätze zu prüfen, einzuschränken oder zu erweitern. Diese Form der Kritik ist insofern begründungsbedürftig, da der meta-theoretische Rahmen (etwa Neopragmatismus) offengelegt werden muss, um die Maßstäbe der Kritik nachvollziehen zu können.
4. Die weltanschauliche Kritik, die einerseits abstrakt ist und andererseits ihre Wurzeln im wissenschaftsexternen Kontext aufweist, kann religiös, politisch, ökonomisch, kulturell bzw. moralisch begründet sein (die Schnittmengen sind häufig groß). Sie ist gesinnungsethisch motiviert (im Sinne von Weber, 1976 [1922], 1988b). Weltanschauliche Kritik an Forschungen neigt dazu, die Grundlagen der Kritik nicht eindeutig zu benennen, da den Kritisierenden diese als ‚normal' gelten und nicht hinterfragt werden oder vermeintlich nicht hinterfragbar sind. Durch ihre moralische Aufladung neigt weltanschauliche Kritik dazu, nicht allein an Forschungen, sondern an Forschenden Kritik zu üben, diese moralisch zu diskreditieren und zu pathologisieren (Grau, 2017; Luhmann, 1993). Gerade diese Art der Kritik ist dafür anfällig, wenig differenziert vorzugehen und ungeprüfte Allgemeinplätze vorzubringen.
5. Die Kritik der Folgen und unindendierten Nebenfolgen von Forschungen (Berger, 2017[1963]; Dahrendorf, 1968; Popper, 1963, 1992) ist hingegen nicht gesinnungs- sondern verantwortungsethisch (im Sinne von Weber 1976 [1922]) orientiert. Sie befragt, ob das, was Forschung an Ergebnissen erbracht hat, verantwortlich gewesen ist, wobei auch der ethische Standort, von dem geurteilt wird, klar zu benennen ist. Diese Form der Kritik lässt sich letztlich auf allen Abstraktionsebenen wie auch wissenschaftsin- und extern vorbringen.
6. Die lebenspragmatische Kritik ist hingegen zum einen primär kaum abstrakt, zum anderen stark wissenschaftsextern orientiert. Sie prüft die Tauglichkeit von Forschungen in Bezug auf die Lösung lebenspraktischer Probleme, ist damit durchaus mit der Kritik der intendierten Folgen und Nebenfolgen verwandt, hat aber einen explizit lebensweltlichen Bezug. Die Grundlage der Kritik ist hier kaum begründungsbedürftig, denn sie ist der offensichtliche Ausgangspunkt der Kritik: die Lebenswelt (einschlägig: Gethmann, 1991; Gethmann et al., 2011; Husserl, 1954, 2008; Janich, 2011; Mittelstraß, 1991; Schütz & Luckmann, 2003, [1975]; Waldenfels, 2005; Welter, 1986).

Von den hier vorgestellten Arten der Kritik birgt die weltanschauliche Kritik infolge ihrer Moralbasiertheit sowie ihrem Hang zum Expansiven und Generalisierenden sowie ihrer starken Außengerichtetheit, sowie der Ermangelung an Begründung das umfassendste Potenzial, einerseits die Gesellschaft in Gänze in Resonanz zu versetzen, aber auch gesellschaftlich dysfunktional zu wirken (Edler & Kühne, 2022b; Kühne, Berr, Koegst, 2023). Am entgegengesetzten Pol ist wiederum die Binnenkritik angesiedelt, schließlich überschreitet diese, infolge ihrer Selbstreferenzialität, die Grenzen der eigenen Forschung nicht oder kaum.

Die Verständnisse von Landschaft in Sozialwissenschaften und Philosophie – ein Vergleich

In den vorangegangenen Kapiteln haben wir uns – ausgehend von dem Landschaftsbegriff von Georg Simmel – mit den sozialwissenschaftlichen wie philosophischen Verständnissen befasst und insbesondere das in der Philosophie verbreitete Verständnis von Landschaft als Teil von Natur einer Kritik unterzogen. In diesem Kapitel werden wir die Begriffe von Landschaft in Sozialwissenschaften und Philosophie einem Vergleich unterziehen. Diesen Vergleich vollziehen wir – um ihn möglichst multiperspektivisch zu gestalten – anhand dreier Kategoriensysteme: Zunächst greifen wir auf die in Abschn. 3.2 eingeführte und im Folgenden genutzte Theorie der Drei Landschaften zurück. Im Anschluss daran erfolgt der Vergleich anhand der klassischen Teildisziplinen der Philosophie, Ontologie, Epistemologie, Ästhetik und Ethik. Den Abschluss dieses Kapitels bildet die Kategorisierung gemäß dem Abstraktionsgrad im Wissenschaftssystem, wie sie von Kühne und Berr (2022) entworfen wurde: Daten, Methoden, Methodologie, Theorien, Wissenschaftstheorie und Erkenntnistheorie. In dieser Phase der Arbeit fokussieren wir auf zwei der in Kap. 6 herausgearbeiteten Arten von Kritik: Erstens, insbesondere auf die jeweilige Binnenkritik, aber auch auf die Kritik aus der Kontextualisierung von sozialwissenschaftlichen und philosophischen Forschungsprogrammen. Dabei legen wir den Kritikbegriff Kants zugrunde: In diesem Kapitel geht es weniger darum, ‚Defizite' in Forschungsprogrammen und dysfunktionalen Wirkungen zu identifizieren, damit werden wir uns in Kap. 8, 9 und 10 sowie zusammenfassend im Fazit-Kap. 11 befassen, sondern die zentralen Aspekte der sozialwissenschaftlichen und philosophischen Landschaftsverständnisse herausarbeiten. Am Ende dieses Kapitels werden wir uns dann mit der Einordnung des aktuellen Standes von Wissenschaft und Landschaftsforschung in Bezug auf die sechs Arten von Kritik befassen.

7.1 Vergleich anhand der Theorie der Drei Landschaften

In den Sozialwissenschaften der Gegenwart wird – wie in Kap. 3 deutlich wurde – Landschaft insbesondere als Landschaft 3 verstanden, als Gegenstand und Ergebnis sozialer Konstruktionsprozesse. Gerade konstruktivistische Theorien sind stark auf Landschaft 3 fokussiert, mit Ausnahme des sozialkonstruktivistischen Zugangs zu Landschaft, der in Landschaft 2 das Ziel von Sozialisationsprozessen sieht, aber auch Landschaft 3 durch Landschaft 2 beeinflussbar sieht. Insbesondere die more-than-representational-Ansätze sind bemüht, die Landschaft-1-Blindheit der konstruktivistischen Ansätze zu überwinden, auch wenn sie auf Grundlage von und in Auseinandersetzung mit konstruktivistischen Ansätzen entstanden sind. Im Ergebnis fokussieren diese Ansätze insbesondere Landschaft 1 und Landschaft 3, mit Ausnahme phänomenologischer Zuwendungen, die das Verhältnis von Landschaft 2 zu Landschaft 1 in den Mittelpunkt ihres Interesses stellen. Kritische Ansätze sind wiederum auf Landschaft 1 und 3 ausgerichtet, Landschaft 2 wird bestenfalls als Gegenstand gesellschaftlicher, machtbasierter und in Teilen Raum 1-vermittelter Zurichtungsbemühungen verstanden. Insgesamt lässt sich eine weitgehende Abstinenz in Bezug auf Landschaft 2 konstatieren. Ausnahmen bilden dabei die sozialkonstruktivistische Landschaftstheorie, in der Landschaft 2 eine Art ‚Widerpart' für Landschaft 3 bildet und der phänomenologische Landschaftszugang, der stark auf das individuelle Erleben von als Landschaft 1 gedeutetem Raum 1 bezogen ist.

In der Philosophie wird bis in die Gegenwart hinein – das wurde in Kap. 4 deutlich – Landschaft insbesondere als Landschaft 1 verstanden und diese überwiegend mit Natur 1 identifiziert. Diese Identifikation von Landschaft mit Natur betrifft sowohl das Objekt als auch das Subjekt der Landschaftsbetrachtung, die Identifikation der Landschaft mit dem Naturschönen, die Diskussion um Atmosphären (in) der Landschaft, den Naturschutz, die Identifikation der Stadt mit Landschaft sowie die Gestaltung der Landschaft. Das traditionelle Objekt der Landschaftsbetrachtung ist Landschaft 1, mit Blick auf die Bildungsfunktion von Landschaft im 18. Jahrhundert handelt es sich um Landschaft 2. Wenn Stimmungen (heute: Atmosphären) als ‚Stadien des Naturlebens' gedeutet werden, wird Landschaft 2 (Stimmungen) mit Natur 1 (Naturleben) identifiziert. Sowohl der Topos von der ‚Natur als Zeichenschrift' bzw. als ‚Buch der Natur' als auch die ‚Signaturenlehre' identifizieren Landschaft 1 mit Natur 1. Das traditionelle Subjekt der Landschaftsbetrachtung repräsentiert Landschaft 2, wobei die Landschaftskonstruktion in der Landschaftsmalerei auch Raum 1 darzustellen hat und die Rahmung des Blicks auf Natur 1 als Landschaft 1 auf ein c-modales Konzept der Landschaft 3 verweist, das qua denkstilspezifischer Sozialisation das ‚landschaftliche Auge' (Riehl, 1996) ‚adressiert' (Fleck, 1980 [1935]; Kühne & Berr, 2021). Atmosphären oder Stimmungen changieren zwischen Landschaft 1 und Landschaft 2, bei Gleichsetzung von Landschaft mit Natur zwischen Natur 1 und Natur 2. Neuerdings wird der ursprüngliche Gedanke von Simmel, Stimmungen seien sowohl Ursache als auch Wirkung von Landschaftssynthesen, wieder aufgegriffen (nachdem er zwischenzeitlich wohl vergessen wurde), nunmehr sind Stimmungen sowohl Landschaft 1 als auch Landschaft 2 oder sowohl Natur 1 als auch Natur 2. Das Naturschöne wie das Naturerhabene identifizieren nach wie vor Landschaft 1 mit Natur 1, ebenso der (meist ästhetisch, ökologisch oder ästhetisch-ökologisch begründete) Naturschutz, der aus einer c-modalen Perspektive der mit Landschaft 3 identifizierten Natur 3 entsprechend administrativ durchgesetzt wird. Da ‚Stadt' ebenso wie ‚Natur' und ‚Landschaft' eine Synthese von Synthesen oder einen Reflexionsbegriff (Berr, 2016; Hubig, 2011; Hubig & Luckner, 2006; Nerurkar, 2008) darstellt, kann ‚Stadt 1' mit Landschaft 1 in einer aktuellen c-modalen Perspektive von Landschaft 3 als ‚Stadt 3' gleichgesetzt werden. Die Gestaltung von Landschaft 1 als Natur 1 wird ebenfalls aus einer c-modalen Perspektive, hier von Landschaft 3 als Natur 3 heraus modelliert.

7.2 Vergleich anhand des Kategoriensystems von Ontologie, Epistemologie, Ästhetik und Ethik

In Bezug auf das Kategoriensystem von Ontologie, Epistemologie, Ästhetik und Ethik finden wir unterschiedliche Zuordnungsmöglichkeiten in den sozialwissenschaftlichen Landschaftsbegriffen. Wie aus den Ausführungen in Bezug auf die Theorie der Drei Landschaften deutlich wurde, erstreckt sich die ontologische Deutung von Landschaft von einem ‚realen Gegenstand' (insbesondere im Positivismus) bis hin zu einer reinen Konstruktion. Gerade bei konstruktivistischen Zugängen wird Landschaft dann nicht ontologisch gedeutet, sondern epistemologisch. Landschaft wird zu einem Werkzeug, mithilfe dessen Erkenntnisse über die soziale Konstruktion von Welt gewonnen werden können. Hinsichtlich ästhetischer Deutungen ist die Spannweite der unterschiedlichen Theorien sehr weit: Essentialistisch ist Schönheit Teil des ‚Wesens der Landschaft', sofern Akzidentielles dieses Wesen nicht verfälscht und die Landschaft (im Singular!) hässlich macht. In phänomenologischen Zugriffen wird eine ästhetische Erfahrung von als Landschaft 1 gedeutetem Raum 1 vollzogen. Aus Sicht kritischer Theorien ist die Ästhetik von Landschaft der Ausdruck von Machtverhältnissen, ‚Schönheit' von Landschaft dient entsprechend dazu, die machtvollen Einschreibungen in Landschaft 1 als ‚schön' einer Rechtfertigung und Normalisierung zu unterziehen. Konstruktivistische Ansätze fragen eher, wie ästhetische Deutungs- und Wertungsmuster mittels Sozialisation von Landschaft 3 zu Landschaft 2 übertragen werden und wie wiederum diese auf Landschaft 3 innovativ einwirken kann. Eine zentrale soziologische Operationalisierung von ästhetischen Urteilen ist dabei der Geschmack, wobei hier insbesondere der Ansatz der Distinktion von Pierre Bourdieu relevant wird (vgl. etwa: Aschenbrand, 2016; Illing, 2006; Kühne, 2006). Hinsichtlich eines ethischen Zugriffs lassen sich sozialwissenschaftlich in unterschiedlicher sozialer Reichweite geteilte moralische Normen untersuchen. Besonders relevant wird Moral dabei bei der Bewertung von Landschaftsveränderungen. Dabei sind – wie in Kap. 9 in Bezug auf die Energiewende weiter ausgeführt werden wird – unterschiedliche theoretische Zugänge mit unterschiedlichen moralischen Normen verbunden, ein essentialistisches Verständnis verbindet mit dem ‚Wesen der Landschaft' eine moralische Norm zu dessen Erhaltung, während konstruktivistische Ansätze die Wirkung moralischer Kommunikation in Bezug auf Landschaft thematisieren (hier wird der Bezug zur oben eingeführten ‚weltanschaulichen Kritik' deutlich). Klassisch kritische Theoriebildung stellt die moralische Norm auf, mittels Zurückdrängung der instrumentellen Vernunft ein Leben ohne Widerspruch zu innerer und äußerer Natur zu erkämpfen. Gerade vor dem Hintergrund des Vergleiches sozialwissenschaftlich-landschaftsbezogener Ansätze mit Fragen der Ontologie, der Epistemologie, der Ästhetik sowie der Ethik wird also die Vielzahl der c-modalen Deutungen, Kategorisierungen und Wertungen deutlich.

In der Philosophie finden sich ebenfalls im Hinblick auf den Landschaftsbegriff verschiedene Zuordnungsmöglichkeiten zum Kategoriensystem von Ontologie, Epistemologie, Ästhetik und Ethik. Ähnlich wie in den sozialwissenschaftlichen Theorien erstreckt sich die ontologische Deutung von Landschaft von einem ‚realen Gegenstand' – eine Deutung, die sich den Vorwurf der ‚Reifizierung' symbolischer, insonderheit ästhetischer Zuschreibungen gefallen lassen muss – bis hin zu einer reinen Konstruktion, wie dies den ‚Projektionisten' und ‚Konstruktivisten' in der Diskussion um Atmosphären vorgeworfen wird. Eine ausdrückliche Ontologisierung (‚Landschaft' als ‚Natur' und damit als Ontisches) findet sich in den Theorien, die um ‚Natur als Zeichenschrift' kreisen, in der Signaturenlehre und den Theorien, die Natur als Subjekt auffassen, in der Diskussion um Atmosphären, insofern diese als Naturhaftes, damit als Ontisches gedeutet werden, aber auch noch in den Umdeutungen der ‚Stadt' zur ‚Stadtlandschaft'. Der traditionelle ästhetische Landschaftsbegriff bleibt, selbst dort, wo er konstruktivistisch modelliert wird (wie bei Simmel und späteren Nachfolgern), stets dann einer ontologischen Lesart verpflichtet, solange er auf Natur als Konstruktionsbasis angewiesen bleibt und ‚Natur' nicht ihrerseits einer konstruktivistischen und deontologisierenden Begriffsarbeit unterzieht. Auch in den philosophischen Landschaftstheorien finden sich epistemologische Lesarten, auch hier wird Landschaft zu einem Werkzeug, mithilfe dessen Erkenntnisse über die insbesondere ästhetische (genetisch kunstvermittelte), kulturelle und soziale Konstruktion von Welt gewonnen werden können. Ausdrücklich zeigt sich dies bei der Bildungsfunktion von Landschaft, unausdrücklich in den Chiffre- und Signaturenlehren, die Landschaft als Natur auf ihre ‚wahre' (‚essentialistische') Bedeutung (sakral: das Göttliche; profan: die ‚natura naturans' als technische oder schöpferische Produktivkraft der Natur) hin zu ‚lesen' und zu entschlüsseln hat. Da der philosophische Diskurs um Landschaft überwiegend ästhetisch fundiert und modelliert ist, sind epistemologische Deutungen von Landschaft (bzw. Natur) nicht ungewöhnlich, da ein Hauptzweig der Ästhetik von vorherein erkenntnistheoretische Funktionen impliziert, insofern die Kunst – und ‚Landschaft' verdankt ihre Entstehung, wie gezeigt, einer malerischen und literarischen Auffassung von Natur – als eine „Weise des Erkennens" (Gethmann-Siefert, 1995, S. 10) bestimmt wird. Ästhetik hat dann beispielsweise die Aufgabe, das Schöne (hier das Naturschöne und die schöne Landschaft) wie ein Kunstschönes zu analysieren – noch bei Simmel wird ‚Landschaft' als „Kunstwerk in statu nascendi" (Simmel, 2019c, S. 15) bezeichnet. Beispiele sind die erwähnten Untersuchungen zum Bildrahmen und zur Zentralperspektive (vgl. Krämer, 2012). Das ästhetische Erbe des Landschaftsbegriffs und dessen insbesondere lebensweltliche Bedeutung bis in die Gegenwart zeigt sich exemplarisch in den Diskussionen um dessen ‚arkadische Assoziationen', die c-modal überwunden werden sollen, aber a- und b-modal tief in der Lebens- und Erfahrungswirklichkeit der Menschen in ihren alltäglichen Lebenswelten erfahrungs- wie auch bewertungsmäßig wirkungsmächtig leitend verankert sind und bleiben (vgl. z. B. Eisel & Körner, 2009; Hard, 1991, 2002a; Hokema, 2009, 2013; Prominski, 2004; Berr, 2023; Roters, 1995). Ethische Aspekte werden implizit in den philosophischen Diskussionen um Naturschutz, aber ausdrücklich auch in der Naturethik (exemplarisch: Krebs, 1997), Umweltethik (exemplarisch: Ott, 2021), ökologischen Ethik (exemplarisch: Birnbacher, 2005) und ‚ökologischen Naturästhetik' (exemplarisch: Böhme, 1989) thematisiert (im Überblick: Berr, 2022).

7.3 Vergleich anhand des Kategoriensystems Daten, Methoden, Methodologie, Theorien, Wissenschaftstheorie und Erkenntnistheorie

In Bezug auf Daten, Methoden, Methodologie, Theorien, Wissenschaftstheorie und Erkenntnistheorie unterscheiden sich sozialwissenschaftliche und philosophische Landschaftsforschung hinsichtlich des schwerpunktmäßig angesprochenen Abstraktionsgrades. Die sozialwissenschaftliche Landschaftsforschung hat – wie bis dato deutlich wurde – eine große Zahl theoretischer Zugriffe auf Landschaft entwickelt. Diese dienen häufig als Grundlage für methodologische Reflexionen zur empirischen Erforschung sozialer Zugriffe auf sowie sozialer Konstruktionen von Landschaft (in Abhängigkeit der gewählten Theorie bzw. der gewählten Theorien, dies bei triangulierenden Ansätzen, wie etwa dem Neopragmatismus). Aus der Anwendung von Methoden im empirischen Feld werden Daten gewonnen, die wiederum zur Prüfung und Weiterentwicklung von Theorien genutzt werden können.

Hinsichtlich des Abstraktionsgrades ist die Philosophie zwischen Theorien, Wissenschaftstheorie und Erkenntnistheorie angesiedelt – und in der Begriffskritik, die letztlich auf allen Abstraktionsebenen ansetzt, schließlich basiert jede wissenschaftliche Befassung mit Welt auf Begriffen. Der Schwerpunkt der Sozialwissenschaften (hier in Bezug auf Landschaft) hingegen liegt auf den Ebenen Daten bis Theorie. So haben die Sozialwissenschaften seit Simmel nicht nur eine große Zahl theoretischer Zugriffe auf Landschaft entwickelt (siehe Kap. 3), sondern sie können auch auf eine große Zahl qualitativer und quantitativer, reaktiver wie auch nichtreaktiver Methoden zur Landschaftsforschung zurückgreifen (siehe etwa: Berr und Feldhusen, 2023; Bruns et al., 2021; Macpherson, 2016; Münderlein et al., 2019; Ruggeri und Fetzer, 2019; Simensen et al., 2018; Stemmer & Bruns, 2017; van den Brink et al., 2017). Diese Vielfalt bezieht sich auf die Methoden der Erhebung, der Auswertung wie auch der Darstellung von Ergebnissen (hier

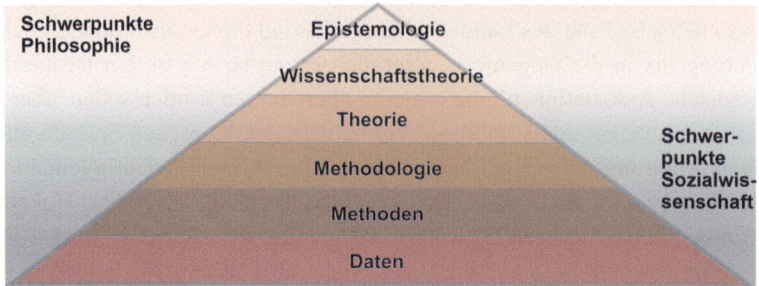

Abb. 7.1 Die Schwerpunkte von Philosophie und Sozialwissenschaften in Bezug auf Daten, Methoden, Methodologie, Theorie, Wissenschaftstheorie Epistemologie. Deutlich wird der Übergangsbereich zwischen Theorie und Wissenschaftstheorie (verändert nach: Kühne und Berr, 2021)

auch der Gewinnung von Daten) der sozialwissenschaftlichen Befassung mit Landschaft. Mit der Entwicklung von Theorien und Methoden einerseits und jener der Methoden andererseits hat auch die Bedeutung der methodologischen Reflexion zugenommen (Kühne, 2019a) (Abb. 7.1).

Wie schon aus den vorangegangenen Kapiteln deutlich wurde, verliefen die Entwicklungen der Befassung mit Landschaft in Philosophie und Sozialwissenschaften weder gleichförmig noch linear. Auch hat sich ihre Relation in Bezug auf die Abstraktionsebenen, insbesondere die der Wissenschaftstheorie verändert. Zum einen hat sich die Philosophie der Begriffskritik in Bezug auf Landschaft in den letzten Jahrzehnten – wie in Kap. 4 gezeigt – nicht in der gebotenen Form gestellt. Zum anderen hat nach der Entwicklung des Popperschen ‚kritischen Rationalismus', der als finale Wissenschaftstheorie einer wissenschaftlichen Meta-Theorie, die sich allein aus den Prinzipien Wissenschaft selbst speiste, die Kontextualisierung der Reflexion von Wissenschaft in Bezug auf Gesellschaft an Bedeutung gewonnen (Kühne und Berr, 2022). Schon die Theorie der ‚Paradigmenwechsel' von Thomas Kuhn (1970) und mehr noch die – auch hier rezipierte Vorstellung von ‚Forschungsprogrammen' von Imre Lakatos (1974) wie auch die Weiterentwicklung dieser beiden Vorstellungen wissenschaftlichen ‚Fortschritts' mit den ‚Forschungstraditionen' von Larry Laudan (1977) – hatte deutlich gemacht, dass Wissenschaft in den sozialen Kontext Wissenschaft Treibender eingebunden ist, verbunden mit dem Bestreben, das eigene Paradigma, Forschungsprogramm oder die eigene Forschungstradition gegen alternative Deutungen zu verteidigen. Einen Schritt weiter ging die sozialkonstruktivistische Wissenschaftssoziologie (auch unter dem Stichwort ‚Laborkonstruktivismus' bekannt), die darauf abzielte zu zeigen, dass nicht allein wissenschaftliches Wissen, sondern auch Gegenstände wissenschaftlichen Wissens durch die Praktiken von Wissenschaftlern erzeugt werden (Maasen, 2015). Der Ansatz basierte auf der Beobachtung der Arbeit von Naturwissenschaftlern in Laboren (Knorr, 1980; Knorr-Cetina, 2002a, 2002b; Latour und Woolgar, 2013 [1979]). Die Untersuchung von ‚Natur' basiert darauf, dass diese aufwendig unter ‚Laborbedingungen' hergestellt werden muss: „Damit ist auf einen Wissensbegriff abgezielt, der naturwissenschaftliche Resultate nicht nur als historisch-sozial eingebettet ansieht, sondern auch als konkret im Labor konstruiert" (Knorr-Cetina, 2002b, S. 22). Mit dem Verständnis des Übergangs von ‚Modus 1' zu ‚Modus 2', den Latour (2002 [1999], S. 31) als Übergang von Wissenschaft zu Forschung versteht, vollzog sich auch eine stärkere Überprägung der ‚Wissenschaftstheorie' durch ‚Wissenschaftssoziologie': „Wissenschaft besaß Gewissheit, Kühlheit, Reserviertheit, Objektivität, Distanz und Notwendigkeit, Forschung dagegen scheint all die entgegen gesetzten Merkmale zu tragen: Sie ist ungewiss, mit offenem Ausgang, verwickelt in die niederen Probleme von Geld, Instrumenten und Know-how und kann nicht so leicht zwischen heiß und kalt, subjektiv und objektiv, menschlich und nicht-menschlich unterscheiden". Somit konstatieren Gibbons et al., (1994) und Nowotny (2005) mit dem Übergang von Modus 1 zu Modus 2 einen grundlegenden epistemologischen Wechsel, weg von der Erforschung von Naturgesetzen (aber auch der Entwicklung grundlegender Theorien), hin zu ‚sozial robustem Wissen' in interdisziplinären Anwendungskontexten (vgl. auch Viehöver, 2005). Dieses Beispiel verdeutlicht die Expansion sozialwissenschaftlicher Weltdeutung gegenüber philosophischer, die – wie gezeigt – auch im Kontext von Landschaftsforschung anzutreffen ist.

7.4 Wissenschaft, Landschaftsforschung und Kritik

Hinsichtlich der in Kap. 6 eingeführten sechs Arten der Kritik bedeutete diese Öffnung von Wissenschaft zu anderen gesellschaftlichen Feldern auch die Erweiterung des Kritikrahmens von Kritiken, die primär wissenschaftsintern ausgerichtet waren (Binnenkritik, Kritik der Kontextualisierung und metatheoretische Kritik) zu Kritiken, die wissenschaftsextern an Forschungen herangetragen werden, insbesondere weltanschauliche Kritiken, aber auch lebensweltliche Kritiken. Auch wurde der Kritikrahmen von den intendierten Folgen und den unintendierten Nebenfolgen weiter gefasst: Er beschränkte sich nicht auf eine Betrachtung, die sich primär auf den wissenschaftsinternen Rahmen bezog, sondern sich mit sozialen intendierten Folgen und den unintendierten Nebenfolgen von Wissenschaft befasste. Dies ist in doppelter Hinsicht in den letzten Jahren und Jahrzehnten relevant geworden. Erstens, hinsichtlich der unintendierten Nebenfolgen wurde deutlich, dass Forschung manifeste Einwirkungsmöglichkeiten auf die Gesellschaft hat. Besonders deutlich wurde dies mit der Entwicklung (Wissenschaft) und dem Einsatz (unintendierte Nebenfolge) der Atombombe. Zweitens, wurde – insbesondere vor dem Hintergrund der Erfahrung multipler Krisen (anthropogener Klimawandel, demographischer Wandel, Finanzkrisen, ethnische Konflikte etc.) – eine Transgression wissenschaftlicher Expertise auf die übrige Gesellschaft systematisiert (unter vielen: Funtowicz und Ravetz, 1990; Nennen und Garbe, 1996; Nowotny, 2005), die Transformationswissenschaften waren entstanden, mit der Aufgabe, wissenschaftliches Wissen (das indes konstitutiv unsicher und stets vorläufig ist; vgl. exemplarisch zur Klimaforschung: Gethmann, 2009) für die Entwicklung der Gesellschaft verfügbar zu machen. Darüber hinaus hat die Kritik von sozialen intendierten Folgen und unintendierten Nebenfolgen eine zweite Perspektive gewonnen: So formulierte Karl Popper (1963, 1992) es als Aufgabe der Soziologie (heute differenziert: der Sozialwissenschaften), die Folgen und insbesondere unintendierten Nebenfolgen menschlichen Handelns zu untersuchen. Heute hat die Kritik der Folgen und unintendierten Nebenfolgen von Wissenschaft indes eine weitere Ebene hinzugewonnen: Kritik wird von außerhalb der Wissenschaft an Wissenschaft gerichtet. Dies wiederum bildet eine Grundlage der Verbreitung weltanschaulicher Kritik, die konstitutiv nicht oder nur zu kleinen Teilen wissenschaftlich begründet ist. Die Praxis weltanschaulicher Kritik hat dabei auch auf die Wissenschaft selbst übergegriffen, wie Benedikt Korf (Korf, 2019, 2021; 2022) ausführt: So seien „wohlfeile Bewertungen und vorschnelle Generalisierungen" (Korf, 2022, S. 10) auf Grundlage von Moral und unter Vermeidung der von uns so benannten ‚Binnenkritik' in der Kritischen Forschung, hier der Kritischen Geographie', verbreitet.

Für die Landschaftsforschung, hier insbesondere in Bezug auf Sozialwissenschaften und Philosophie, bedeutet diese Veränderung auch eine Verbreiterung des Kritikrahmens. Mussten sich vormals Forschungen insbesondere im Kontext wissenschaftsinterner Kritik bewähren, ist dieser Kritikrahmen nun auf außerwissenschaftliche Kritik erweitert. Gerade die massiven Veränderungen des als Landschaft 1 gedeuteten Raumes 1 infolge der Transformation des Energiesystems (siehe Kap. 9), haben landschaftsbezogene Wissenschaft in den Fokus einerseits der Kritik der Folgen und unintendierten Nebenfolgen landschaftsbezogener Forschungen gerückt, aber auch zum Gegenstand divergierender weltanschaulicher Kritik gemacht. Insofern kann sich die Landschaftsforschung (hier die sozialwissenschaftliche und philosophische) nicht den Anforderungen an Modus 2-Wissenschaft entziehen, sondern sieht sich mit deren Herausforderungen konfrontiert.

Das Problem unvollständiger Arbeit an c-modalen Landschaftsbegriffen   8

Auch außerhalb von Philosophie und Sozialwissenschaften wird der Begriff der Landschaft als Quasi-Terminus verwendet. Als Quasi-Terminus bezeichnen wir ihn, weil der Begriff lebensweltlich, also vorwissenschaftlich gebildet wurde und dann zu einem wissenschaftlichen Terminus umdefiniert wurde. Je nach Fachdisziplin wurden Aspekte von Landschaft 1 oder Landschaft 3 betont. Häufig dominieren dabei die statischen Elemente gegenüber den dynamischen Elementen und zugleich bestehen Schwierigkeiten, die jeweiligen c-modalen Quasi-Termini gegeneinander und gegenüber lebensweltlichen Begriffsresiduen (in der Tradition von Pareto, 1916) abzugrenzen (unter vielen: Gailing und Leibenath, 2012; Kühne, 2018a; Kühne und Berr, 2022). Insofern werden wir uns in diesem Kapitel mit der Frage der Relationen zwischen inner- und außerwissenschaftlicher Kritik befassen. Dabei nehmen wir die Position einer meta-theoretischen Kritik ein, indem wir aktuelle theoretische Ansätze hinsichtlich ihrer funktionalen Tauglichkeit befragen.

In der naturwissenschaftlichen Landschaftsforschung, von Landschaftsökologie, Biologie, über die physische Geographie bis hin zur Geologie ist ein positivistisches Verständnis von Landschaft nahezu hegemonial (exemplarisch: Leser, 1991, 2019; Murawski und Meyer, 2004; Troll, 1968), Landschaft wird als materieller Gegenstand verstanden, der empirisch erschlossen werden kann. Und auch in der räumlichen Planung im Allgemeinen und der Landschaftsplanung im Besonderen perpetuiert ein positivistisches Verständnis von Landschaft (siehe etwa bei: Albert et al., 2022; Hage und Bäumer, 2019; Spitzer, 1995). Erst in der jüngeren Vergangenheit gibt es Ansätze, sich in den Planungswissenschaften mit einem konstruktivistischen Landschaftsverständnis zu befassen (etwa bei: Kaußen, 2021; Stemmer et al., 2023), wenngleich dieses Verständnis vorrangig im wissenschaftlichen Kontext diskutiert wird und nur in Ansätzen in der planerischen Praxis Resonanz gefunden hat (Wojtkiewicz, 2015; Wojtkiewicz und Heiland, 2012). Der Fokus auf einen positivistischen Landschaftsbegriff in den Naturwissenschaften folgt dem dort verbreiteten abbild- bzw. konvergenztheoretischem Wissenschaftsverständnis (etwa: Chalmers 2013; Schurz 2014; Seiffert 1996), wenngleich die Synthese und Interpretation von Daten auch hier als soziale Konstruktion verstanden wird, wie nicht zuletzt die sozialwissenschaftliche Erforschung von Naturwissenschaften und Technologie gezeigt hat (Knorr-Cetina 2002a, 2002b; Latour, 1993; Lynch, 2016; Pinch und Bijker, 1984). Die nahezu exklusive Ausrichtung der naturwissenschaftlichen Landschaftsforschung auf ein positivistisches Verständnis von Landschaft erschwert zwar die wissenschaftstheoretische Anschlussfähigkeit an die sozialwissenschaftliche Landschaftsforschung, hat sich aber auf analytischer Ebene bewährt, schließlich hat sie zu einem erheblichen Umfang an bewährtem Wissen über Zusammenhänge zwischen Lithosphäre, Pedosphäre, Kryosphäre, Hydrosphäre, Atmosphäre und Biosphäre geführt. Deutlich problematischer ist das positivistische Landschaftsverständnis in der räumlichen Planung (insbesondere der Landschaftsplanung): Erstens liegt die Stärke des Positivismus darin, eine Grundlage für die empirische Erzeugung analytischen objektstufigen Wissens zu bieten. Er bietet also kaum eine Grundlage für die Formulierung von Normen. Planung ist, zweitens, aber normgebunden. Schließlich formuliert die Raum-1-bezogene Planung Sollvorstellungen, die einer Begründung bedürfen. Diese Begründung erfolgt aus einem politischen Auftrag heraus. Dieser wiederum entspringt der systemischen Logik von Macht und Nicht-Macht, nicht einem dezidierten Verständnis der Zusammenhänge von und zwischen Landschaft 1, 2 und 3. Die normative Leerstelle, die dadurch entsteht, dass normative Vorstellungen nicht aus der Befassung mit dem ‚Gegenstand' Landschaft entwickelt werden können (weil, wie gesagt, der Positivismus analytisch und objektstufig argumentiert), wird häufig in Rückgriff auf ein essentialistisches Verständnis von Landschaft zu schließen versucht, etwa durch das Konstrukt der ‚historisch gewachsenen Kulturlandschaft', das dann als raumbezogene Normvorstellung herangezogen wird (siehe dazu: Fehn, 2002; Franz, 1992; Gunzelmann, 1987; Haber, 2006; Heiland, 2019; Konold, 1996; Kühne, 2015; Küster, 2008; Quasten, 1997). Drittens, besteht der Versuch, Gegenstände der Planung, die konstitutiv an die soziale Konstruktion von Welt als Landschaft gebunden sind, dem positivistischen Denken unterzuordnen und zu verobjektivieren. So werden landschaftsästhetische Konstruktionen bzw. ein landschaftsaisthetisches Erleben einer quantifizierten ‚Landschaftsbildbewertung' unterzogen (Roth, 2012; Roth und Bruns, 2016). Unabhängig von der methodischen Problematik der Pauschalisierung sozialer, kulturspezifischer und individueller Zugänge (von Landschaft 3 und 2), erfolgt hier eine kategoriale Transformation des Ästhetischen zum Ontologischen. Damit wird nicht zuletzt das Problem eines undifferenzierten Landschaftsverständnisses, das Ontologisches mit Ästhetischem und Moralischem mischt und nicht zwischen Objekt- und Metastufigkeit unterscheidet, perpetuiert.

Hinsichtlich der sozialwissenschaftlichen Landschaftsforschung lässt sich – wie gezeigt – in den letzten Jahrzehnten eine intensive Befassung mit der unterschiedlichen Konstruiertheit von Landschaft feststellen. Dies beschränkt sich nicht auf die a- und b-modale Konstruktion von Landschaft, sondern erstreckt sich auch auf die Untersuchung der vielfältigen c-modalen Konstruktion von Landschaft, sowie den Wechselwirkungen der unterschiedlichen modalen Konstruktionen und Konstruktionsprozessen von Landschaft, wobei häufig auch die Machtgebundenheit solcher Konstruktionsprozesse deutlich wurde. Damit hat sie in der meta-stufigen Reflexion von Landschaft die klassische wissenschaftstheoretische Zuwendung in weiten Teilen abgelöst: Die Erzeugung von wissenschaftlichem Wissen (hier zu Landschaft) wird nicht mehr wissenschaftstheoretisch (etwa im Sinne des kritischen Rationalismus) diskutiert, sondern erfolgt aus wissens- und wissenschaftssoziologischer Perspektive, in dem die Frage gestellt wird, unter welchen sozialen Bedingungen und in welcher Organisation wissenschaftlicher Arbeit, (sozial) robustes Wissen, hier in Bezug auf Landschaft, hergestellt wird (ausführlicher bei: Kühne und Berr, 2022). Eine wichtige Leerstelle einer solchen sozialwissenschaftlichen Befassung mit Landschaft liegt indes in der geringen begrifflichen Schärfe, schließlich ist es das Ziel sozialwissenschaftlicher Forschung, die soziale Konstruktion, Bedeutung und Verwendung von ‚Landschaft' zu untersuchen, nicht in der Begriffskritik. Diese ist indes eine Kernaufgaben der Philosophie. Diese hat sich – wie oben gezeigt – indes seit Simmel mit der Ableitung von Landschaft aus Natur hinsichtlich der begrifflichen Entwicklung selbst beschränkt. So ist sie kaum an die Diskussion um die Sinnhaftigkeit der Differenzierung von Kultur- und Naturlandschaft anschluss- und sprachfähig geworden, (auch) weil ihr Landschaftsbegriff einseitig an Natur gebunden wurde. Ähnliches gilt für die Diskussionen um die Hybridisierungstendenzen von städtischen und ländlichen Landschaften 1, das Erleben von Erhabenheit von Altindustrielandschaften oder – wie im folgenden Fallbeispiel auszuführen sein wird – die Folgen der Energiewende für die Landschaften 1, 2 und 3.

Energiewende und Landschaftskonflikte 9

Mit der Energiewende sind zahlreiche materielle Manifestationen in als Landschaft gedeutetem Raum 1 verbunden, die in großen Teilen a-, b- und c-modalen Landschaftsnormen widersprechen. Sie widersprechen der a-modalen Norm der Stabilität der Strukturen von Landschaft 1, sie widersprechen klassischen landschaftsästhetischen b-modalen Vorstellungen, wenngleich sie dem ökologischen Teil b-modaler Landschaftsvorstellungen entsprechen können, sie widersprechen c-modalen Vorstellungen, wenn diese etwa dem Paradigma der ‚Erhaltung historischer Kulturlandschaft' folgen oder auch dem Speziellen Artenschutz, entsprechen den c-modalen Normen an Landschaft indes, wenn diese auf die Mitigation des anthropogenen Klimawandels ausgerichtet sind (Eichenauer et al., 2018; Hoeft et al., 2017; Kühne, 2021a; Kühne et al., 2022). Das Ergebnis dieser ‚strukturellen Ausgangslage', wie Ralf Dahrendorf (1972) die erste Phase der Konfliktentwicklung nennt, ist, dass nicht allein im selben Raum 1 sehr unterschiedliche Landschaften 1a, 1b und 1c gebildet werden, sondern dass die jeweilig damit verbundenen Normvorstellungen deutlich divergieren. Die erste Phase des Konfliktes ist – so Dahrendorf (1972) – dadurch gekennzeichnet, dass gesellschaftliche Teilmengen, die in bestimmten Zusammenhängen – hier in Bezug auf Landschaft – gleiche Interessen aufweisen, wobei sich die Interessen dieser ‚Quasi-Gruppen' einander widersprechen. In dieser Phase bleibt der Konflikt indes noch latent. Manifest wird er in der zweiten Phase des Konfliktes, die Dahrendorf (1972) ‚Bewusstwerdung latenter Interessen' nennt. Es formieren sich Konfliktparteien, in Landschaftskonflikten insbesondere dann, wenn Planungen zur physischen Manifestation der Energiewende in als Landschaft gedeuteten Raum 1 bekannt werden und sich die Konfliktparteien Ihrer spezifischen Interessen im Antagonismus zwischen Kräften der Persistenz und der Progression, den Dahrendorf (1957) als die strukturelle Konfliktursache sozialer Konflikte benennt, bewusst werden (ausführlich dazu: Bonacker, 2009; Kühne, 2017; Kühne und Leonardi, 2020; Leonardi, 2014). In der dritten ‚Phase ausgebildeter Interessen' dichotomisieren sich zwei organisierte Konfliktparteien „mit sichtbarer eigener Identität" (Dahrendorf, 1972, S. 36), womit der Konflikt manifest geworden ist. In Landschaftskonflikten – hier um die materiellen Manifestationen der Energiewende – erfolgt die Dichotomisierung der lokalen Bevölkerung (Landschaftskonflikte vollziehen sich in mikro- bis mesoskaligem Maßstab) in Befürworter und Gegner des Protestes, wobei die Gegner insbesondere a- und b-modal und konkret (Schutz der spezifischen ‚heimatlichen' und ‚schönen' Landschaft 1), die Befürworter c-modal (bzw. unter b-modaler Nutzung c-Modaler Deutungsmuster) und abstrakt (‚globaler Klimaschutz', ‚nationale Vorgaben') argumentieren. Dabei wird die Ausgangssituation des Raumes 1, in dem die Anlagen errichtet werden, als komplett unterschiedliche Landschaften 1 synthetisiert (Abb. 9.1), wie insbesondere Untersuchungen auf diskurstheoretischer Grundlage gezeigt haben (Leibenath und Otto, 2014; Otto, 2017; Sturm, 2017; Weber 2017, 2018): So wird aus einer primär mit Fichten bestandenen geomorphologischen Vollform – je nach Perspektive – entweder ein ‚ökologisch wertvoller und schöner Wald auf einem für die Dorfgemeinschaft identitätsprägenden Hügel, dessen Wesen durch Windkraftanlagen zerstört wird' oder ein ‚hässlicher Forst mit standortuntypischem Gehölz auf einer Erhebung abseits des Ortes, die durch Windkraftanlagen nur symbolisch aufgewertet werden kann'. An dieser Stelle wird deutlich, wie wechselseitige weltanschauliche Kritik aufeinanderprallt (siehe Kap. 6), andere Formen der Kritik, etwa Binnenkritik, die einen verstehenden Nachvollzug von Argumenten zur Grundlage hat, aber auch eine Kritik der Folgen und Nebenfolgen bis hin zur Reflexion der Tauglichkeit von Lösungen für lebenspraktische Fragen, kaum eine Chance auf Vollzug haben.

Landschaftskonflikte um die materiellen Manifestationen der Energiewende, wie auch Landschaftskonflikte allgemein, weisen einige Spezifika auf, die sich besonders schwer regelbar machen: Erstens, das wurde in den gemachten Ausführungen deutlich, argumentieren beide Konfliktparteien mehr oder minder offen essentialistisch (hier wird wieder das im vorherigen Abschnitt deutlich gewordene Problem deutlich, dass aus der empirischen Erfassung von Landschaft 1 keine Normen abgeleitet werden können und sich somit die räumliche Planung essentialistischer Residuen bedienen muss). Da der Essentialismus nur jeweils ‚ein einziges Wesen' der Landschaft kennt, sind vermittelnde Interpretationsangebote kaum von den Konfliktparteien akzeptierbar. Zweitens, sind essentialistische Landschaftsverständnisse stark normativ und damit moralisch aufgeladen (Berr 2018; Berr und Kühne, 2019; Kühne, 2019d). Die Nutzung des Kommunikationscodes der Moral ist indes mit einer Verschärfung von Konflikten verbunden, da die eigene Gruppe moralisch überhöht, die andere moralisch abgewertet wird (Luhmann, 1993) – bis hin zur Pathologisierung (Grau, 2017). Eine erfolgreiche Konfliktregelung ist indes von der Bereitschaft der Konfliktgruppen abhängig, die jeweils andere Position als legitim und die andere Konfliktpartei als gleichwertigen Verhandlungspartner anzuerkennen (Dahrendorf, 1972),

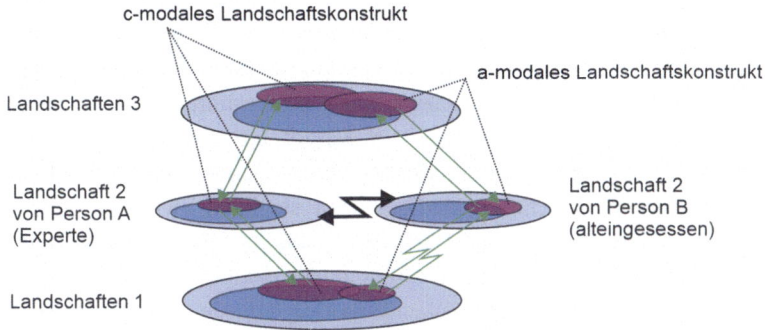

Abb. 9.1 Aus a- und c-modaler Perspektive können in die Welt 1 (bzw. Raum 1) sehr unterschiedliche Landschaften hineinkonstruiert werden. Die Unterschiedlichkeit der Konstrukte mit ihren divergierenden Deutungs-, Kategorisierungs- und Wertungsmustern führen in der Regel – wenn Veränderungen des als Landschaft gedeuteten Raumes 1 über der individuellen, sozial präformierten Erheblichkeitsschwelle, liegen – zur Ausprägung manifester Konflikte. In der Abbildung wird auch die Vielzahl von Landschaften 2 deutlich. Gerade hieran wird die Kontingenz von Landschaftsbegriffen besonders deutlich (die Welten 1, 2 und 3 sowie die Räume 1, 2 und 3 sind aus Übersichtlichkeitsgründen in der Abbildung nicht beschriftet, die Farbgebung ist allerdings analog zu Abb. 3.1 und Abb. 4.1 aufgebaut, wodurch die Zuordnung deutlich wird; eigene Darstellung nach: Kühne, 2020a)

beides ist in Landschaftskonflikten selten gegeben. Da sich, drittens, die Energiewende raumzeitlich differenziert vollzieht (so werden Windkraftanlagen nicht überall zur selben Zeit errichtet) entspinnen sich Landschaftskonflikte in spezifischen Räumen 1 entstehen, mit durchaus unterschiedlich zusammengesetzten Diskurskoalitionen (so können Lokalpolitiker einer Partei, die auf nationaler Ebene eindeutig für den Vollzug der Energiewende eintritt, vor Ort dagegen opponieren). Die Organisiertheit der Konfliktgruppen, die ebenfalls einer Regelung des Konfliktes zuträglich ist, wird so bis zur Unmöglichkeit erschwert (Berr et al., 2019; Bosch und Peyke, 2011; Bosch und Schwarz, 2019; Kamlage, Warode et al., 2020; Schweiger et al., 2018). Viertens, wird der Staat, der ansonsten die Position einer dritten Partei, die Konflikte unter Einsatz von Machtmitteln lösen könnte (Dahrendorf, 1991), selbst zur Konfliktpartei. Das Ergebnis ist, dass aus der Gegnerschaft zu einem konkreten Projekt der Umsetzung der Energiewende so Positionen erwachsen, die nicht nur im Widerspruch zum aktuellen naturwissenschaftlichen Kenntnisstand (‚Klimawandelleugnung'), sondern auch zum gesellschaftlichen System der liberalen Demokratie stehen (Eichenauer et al., 2018; Kühne, 2020a; Reusswig et al., 2016).

Aus der Befassung mit Landschaftskonflikten wird, wie aus der knappen Darstellung oben deutlich wird, ein zentrales Problem der Landschaftsforschung deutlich, die Verselbstverständlichung des jeweils eigenen Landschaftsbegriffs, alternative Landschaftsbegriffe werden (insbesondere c-modal) als abweichend von der Normalität bewertet, dies erhält insbesondere in Konfliktsituationen an Brisanz. Die Folge davon ist, dass Menschen dasselbe Wort nutzen, aber einen völlig anderen Begriff damit verbinden. In Konfliktsituationen, die – wie gezeigt – zur Dichotomisierung neigen, wandelt sich der große ‚semantische Hof' (Hard, 1969) von Landschaft dann in einen Archipel disjunkter Landschaftsbegriffe mit Verallgemeinerungsansprüchen. Dabei führen insbesondere die Träger a- und b-modaler Landschaftsbegriffe einen Kampf um Anerkennung. Diese Ergebnisse sozialwissenschaftlicher Landschaftsforschung machen auch den ‚blinden Fleck' sozialwissenschaftlicher Forschung deutlich, denn sie kann zwar die unterschiedliche Verwendung des Wortes ‚Landschaft' in Verbindung mit unterschiedlichen Begriffen empirisch untersuchen und (neopragmatisch) in unterschiedliche Theoriekomplexe einordnen, für die Arbeit an den unterschiedlichen Begriffen fehlt ihr indes das Instrumentarium der Begriffskritik, über das wiederum die Philosophie verfügt.

10 Zum Ignorieren von Landschaft 2 und ein Pfad zurück zu Simmel

Landschaft 2 stellt nicht allein das Bindeglied zwischen Landschaft 1 und 3 dar, Welt 2, und damit auch Landschaft 2, ist – wie Popper wiederholt feststellt – konstitutiv für die Verhältnisse zwischen den Welten. In diesem Kapitel werden wir uns mit der Frage befassen, inwiefern die sozialwissenschaftliche Forschung dieser zentralen Bedeutung keine Rechnung trägt und welche Chance hier der Philosophie zukommen könnte, zu einer Fokusverschiebung der Landschaftsforschung beizutragen. Zur Klärung der ‚Welt 2-Vergessenheit' der Sozialwissenschaften greifen wir erneut auf Ausführungen Georg Simmels zurück.

10.1 Landschaft 2 als blinder Fleck sozialwissenschaftlicher Landschaftsforschung und als Herausforderung philosophischer Begriffsbildung

Landschaft 2 gehört zur Welt des individuellen Bewusstseins. Dieses Bewusstsein nimmt die Position eines Dazwischen ein, das heißt, es synthetisiert zwei Entgegengesetze. In diesem Fall ist es notwendig, von Welt 1, 2 und Welt 3 und ihrer zugehörigen Naturverständnisse und nicht von den entsprechenden Landschaftsstufen zu sprechen, da die Philosophie, wie bereits dargelegt, deutliche Defizite in der Bestimmung von Landschaft hat. Dennoch – und dies soll im Folgenden deutlich werden – lassen sich aus der Dialektik von Welt 1 und 3 sowie ihrer limitativen Einheit im individuellen Bewusstsein von Welt 2 etliche wichtige Aspekte des Naturverständnisses für die sozialwissenschaftliche Bestimmung von Landschaft 2 ableiten. Diese beziehen sich vorwiegend auf das

Selbstverhältnis des Menschen im Umgang mit Natur. Gerade die Befassung mit Welt 2 (konkretisiert: Landschaft 2 und Natur 2) bleibt – wie verschiedentlich herausgearbeitet und in Abb. 10.1 grafisch verdeutlicht – in der sozial- und raumwissenschaftlichen Befassung mit Landschaft unterrepräsentiert.

Natur 1 in der Welt 1 ist die belebte und unbelebte Materie, ein an-sich-sein, das für den Menschen unvermittelt Vorhandene, das ihm als vernunftlose Sinnenwelt Entgegengesetzte, dies jedoch nicht radikal ausschließlich, denn über seinen Leib ist der Mensch schon immer in Natur und in deren ewigen Kreislauf von Werden und Vergehen sowie in deren Naturkausalität mit einbezogen (Böhme, 1992). Diesen Zusammenhang erlebt er unmittelbar und unreflektiert. Inhaltlich kann sich für ihn dieses erste Verhältnis zwischen ihm und Natur – grob gesagt – als die Lebenskraft fördernd oder hemmend darstellen. Auf dieser Stufe schreibt sich der Mensch Natur als erkannte Natur noch nicht zu, das heißt, er setzt sich noch nicht in ein Selbstverhältnis zur Natur. Er erlebt sie einfach, dies jedoch in ihrer ganzen, für ihn noch unerklärlichen Kraft und er nutzt sie als Handlungsraum, in dem er sich vorbewusst entfaltet (vgl. Fichte, 1997 [1794], § 5). In Bezug auf Abb. 4.2

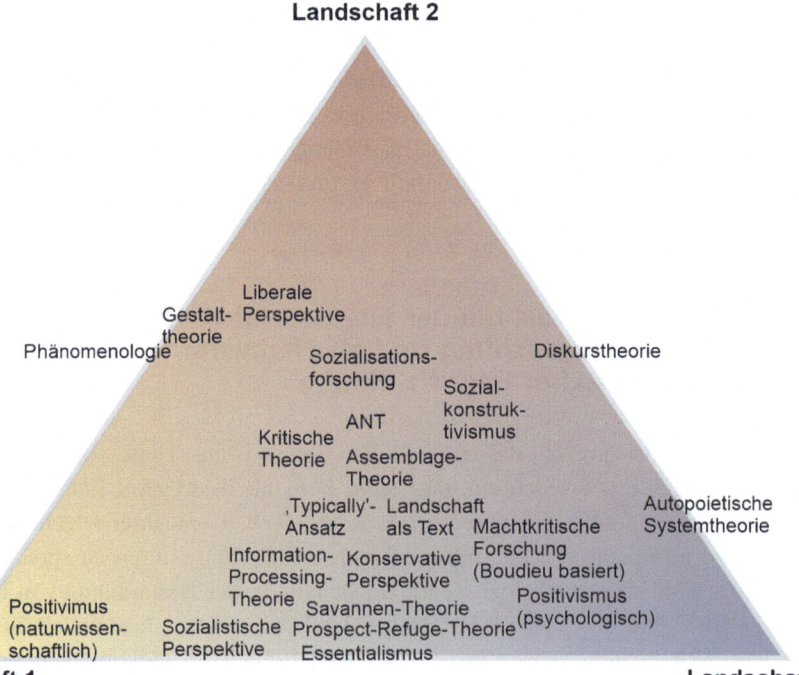

Abb. 10.1 Theoretische Bezüge zu Landschaft, sowohl solche, die in diesem Buch dargestellt wurden, aber auch solche, die aktuell darüber hinaus in der Landschaftsforschung Anwendung finden (Kühne, 2019a), weisen eine Tendenz auf, sich insbesondere auf Landschaft 1 und 3 auszurichten, Landschaft 2 bleibt indes eher randlich thematisiert – wenngleich Welt 2 die zentrale Stellung in den drei Welten – und damit auch den drei Landschaften – einnimmt (Abbildung nach: Kühne, 2019a)

lässt sich die Qualität dieses Bezugs auf Natur als vorbegriffliche Weltzuwendung fassen.

Auf der Stufe der Welt 2, das heißt des individuellen Bewusstseins, ist zu fragen, wie und als was sich im individuellen Bewusstsein Natur 2 manifestiert, bzw. „wie [die Natur] sich im Inneren der Menschen abspiegelt" (Humboldt, 1847, S. 4) und woraufhin diese sich dann im Ausgang vom Bewusstsein der Welt 2 zur Stufe der Welt 3 entwickelt. Eine wichtige Rolle spielt hierbei die „existentielle Erfahrung" (Seel, 1991, S. 303) des Einzelnen in Bezug auf Natur. In seinem Selbstverhältnis mit der Natur erlebt der Mensch – wie in Kap. 4 bereits ausführlich dargelegt – sowohl Zwang als auch Freiheit, sowie die ganze Palette von Gefühlen des Schönen und Erhabenen, der Furcht, der Heiterkeit etc. inklusive ihrer korrespondierenden Stimmungen und Atmosphären (vgl. Kant, 1959, [1790], S. 395; Böhme, 1995). Auf dieser Stufe wird dem Menschen aber auch bewusst, dass er Natur als das Andere der Vernunft dringend benötigt. Natur ist nicht nur überlebensbezogen auf Nahrung und Schutz ausgerichtet ein notwendiges Medium zum Überleben, sondern sie ist vor allem ein notwendiges Medium für seine Selbstbildung. Um sich selbst zu bestimmen, braucht er die Abgrenzung von etwas, das er nicht selbst ist. Ein negatives Beispiel dafür, wo diese Selbstbildung nicht funktionieren kann, sind die „unwirtlichen Städte", die ein Großteil des menschlichen Seins, das mit Stufe 1 beschrieben wurde, verfehlen (Mitscherlich, 1965, S. 24). In diesen Städten fehlt dem Menschen nicht nur die genannte Abgrenzung, sondern auch die Möglichkeit der freien Entfaltung in einer Sphäre, über die Nietzsche sagt: „Wir sind so gern in der freien Natur, weil diese keine Meinung über uns hat" (2013[1878], § 508). Die Selbstbildung auf Stufe der Welt 2 wäre in den unwirtlichen Städten damit von vornherein ausgeschlossen.

Im Übergang von der Welt 2 zu Welt 3 bekommt das erlebte und individuell benennbare Naturphänomen auf Stufe 3 nunmehr bewusste Bedeutung für das Verständnis von Wohlbefinden und Sinnkonstituierung mit Bezug nicht nur auf sich selbst, sondern vor allem auf die Gesellschaft. Demnach sind mit dem Übertritt von Stufe 2 zu Stufe 3 zentrale politische und kulturelle Themen verbunden, die sich weniger durch philosophische Erörterungen der Natur, als vielmehr durch gestaltendes Einwirken auf Natur nach entsprechenden sozialen Zwecken angehen lassen. Dazu gehört die mit Wissen beziehungsweise nach Vernunftzwecken komponierte Natur und die heißt nunmehr Landschaft. Dies gilt in zweierlei Hinsicht: Die Komposition kann sich einerseits metaphorisch, wie bei Simmel als ein Akt der Anschauung vollziehen oder sie kann materiell, d. h. als Zurichtung von Raum 1 auf Grundlage der über Landschaft 2 vermittelten Vorstellungen von Landschaft 3 ausgerichtet sein. Die Selbstobjektivation des Menschen in Welt 3 ist so weit fortgeschritten, das ihm bewusst wird, dass Natur einerseits unabhängig, aber andererseits auch notwendig für ihn da ist und dass sich diese Notwendigkeit nur gemeinschaftlich mit seinen Mitmenschen als deren Kultivierung im Sinne der Bildung von Natur zur Landschaft bewältigen lässt. Die Gradation der Welten 1–3 zeigt, dass es erst auf Stufe 3 ein Bewusstsein dafür geben kann, dass es ein Vorher und Nachher des individuellen Naturerlebens gibt und dass Natur infolge von wissenden Zugriffen zur Landschaft avanciert. Landschaft hat damit für den Menschen Bedeutungen (Boesch,

1980, S. 100), die interkulturell erzeugt werden. Diese Bedeutungen können, müssen aber nicht abgeleitete und interpretierte Eigenschaften der Natur sein. Zudem werden auf dieser Stufe 3 die auf Stufe 2 bloß gelebten, aber noch nicht hinreichend gewußten „Bedingungen der Möglichkeit von Naturerfahrung" (Groh und Groh, 1989, S. 54) anthropologisch-vermögenstheoretisch, ästhetisch-symbolisch, erkenntnistheoretisch und ethisch-religiös reflektiert. Auf dieser Stufe kann zudem „Natur als kritische Kategorie" gewertet werden, die als „Korrektiv zu einer entfremdeten Gesellschaft" und im Sinne Blochs „als Vor-Schein [...] einer utopischen Welt" (Gebhard, 2020; vgl. Bloch, 1970, S. 70) dient, womit in eins zwar noch keine Philosophie der Landschaft, aber doch zumindest eine Grenze zwischen Natur und Landschaft gezogen wäre, in dem darauf gesehen wird, wie Natur für die Bildung des Menschen eingesetzt werden kann und durch diesen solchermaßen motivierten Zugriff auf Natur dürfte sich für die Philosophie ein Zugang zur Landschaft ableiten lassen.

Die philosophische Relevanz für die sozialwissenschaftliche Bestimmung von Landschaft 2 ist: Der blinde Fleck der faktisch-beschreibend ausgerichteten sozialwissenschaftlichen Landschaftsbestimmung lässt sich mittels Philosophie vor allem mit der vermögenstheoretisch bestimmten Intensität des Erlebens von Natur und mit der Bewusstwerdung der existentiellen Bedeutung der Natur für die Selbstobjektivation des einzelnen angehen. Der Philosophie geht es um die Sinndimension. Die Welt 2 ist philosophisch betrachtet damit nicht nur bloßes Scharnier, sondern sie ist in erster Linie Motivans für den Einzelnen und für die Wissenschaft, sich der Dinge, die einem widerfahren, gemeinschaftlich zu vergewissern und daraus Konsequenzen für die „gesellschaftliche Debatte über den Zusammenhang von menschlichen Naturverhältnissen und dem guten Leben" zu ziehen, „die auch politische und ethische Aspekte – Nachhaltigkeit, Klima, Umweltkrise – in den Blick nimmt. Es gibt nicht nur gute Werte, Beziehungen, Lebensstile, Konsumhaltungen und vieles mehr – es gibt gewissermaßen auch ‚gute Orte', in denen wir in einer Art von Resonanz gleichsam ‚aufblühen', eben gut leben können" (Gebhard, 2020; vgl. Gebhard und Kistemann, 2016). Solche guten, aber auch konfliktbeladenen Orte, von denen in Kap. 8 die Rede ist, bekommen erst durch die Philosophie eine subjektbezogene und bewusstseinstheoretische Tiefendimension und lassen sich allererst im Bewusstsein der Stufe 2 mit der ‚objektiven' Sphäre in der Einheit des Subjekts vermitteln, sodass dann der Konflikt auf Stufe 3 in seiner ganzen rationalen und emotionalen Verfasstheit verständlich wird. Während die ethische Reflexion der Konflikte Kernaufgabe der Philosophie ist (vgl. Jonas, 1979), stellt der Übergang von Natur zur Landschaft eine enorme Herausforderung für die Philosophie dar, weil sie z. T. – wie angedeutet – ihr Begriffsrepertoire zum Naturbegriff für den Übergang in den beiden genannten Hinsichten gut nutzen könnte, sich aber eingestehen muss, dass es Sphären von Landschaft gibt, die sich eben nicht aus der Natur ableiten lassen und die erfordern, die Definition des Begriffs von Landschaft völlig neu zu denken. Ein wichtiges Stichwort dazu wäre Urbanität und das entsprechende Konzept der Zusammenführung von Natur und Stadt und damit mittelbar des Übergangs von Natur zu Landschaft – ein Übergang, den die Sozialwissenschaften bereits vollzogen haben. Cedric Janowicz veranschlagt dafür zwei mögliche Denkrichtungen: Erstens diejenige, die bei der „Beschreibung der komplexen Entwicklung von Städten auf Modelle zurückgreift, als deren Vorbild die Evolution natürlicher Organismen dienen soll. Eine solch evolutionäre Sichtweise" manifestiert sich „in der Stadtsoziologie der Chicago School". Die Entwicklung der Stadt vollzieht sich gemäß den „Stadien von Kontakt, Konkurrenz, Anpassung und Assimilation." Die zweite Denkrichtung ist „phänomenologisch[…]" orientiert. Mit ihr lässt sich „die ‚Naturalisierung des Städtischen' auch als Einbruch der Natur in die Stadt", verstehen, durch den „Natur als das Andere, das jenseits der Stadtgrenzen als etwas außerhalb Liegendes wahrgenommen wird" und die „nun im Zuge der ökologischen Krise die Rückeroberung städtischer Räume antritt" (Janowicz, 2008, S. 2986). Beide Denkrichtungen greifen jeweils für sich genommen zu kurz. Daher stellt er ihnen die „Theorie der gesellschaftlichen Naturverhältnisse" gegenüber. Sie besagt: „Naturalisierung des Städtischen" lässt sich als „Versuch" verstehen, „Natur in die Theoriebildung des Städtischen zurückzuholen und zwar nicht indem das Verhältnis zwischen Natur und Stadt entweder naturalisiert oder kulturalisiert wird, sondern im Rahmen eines Konzepts, welches zwischen den Sichtweisen einer naturabhängigen Gesellschaft und einer vergesellschafteten Natur zu vermitteln bestrebt ist" (Janowicz, 2008, S. 2988).

Die Leistungen der Philosophie in Bezug auf Landschaft 2 lassen sich abschließend im Hinblick auf Möglichkeiten und Grenzen von Philosophie und Sozialwissenschaften wie folgt bestimmen: Für die Sozialwissenschaften gilt, das unter sie zwar mannigfaltige und sehr konkrete Theorien und Charakterisierungen von insbesondere Landschaft 3 fallen. Deren Nachteil ist aber, dass sie keinem Ordnungsrahmen unterliegen und daher mehr oder weniger nebeneinander statt aufeinander bezogen verhandelt werden. Wie an dem Beispiel von Landschaft 2 mit limitativer Dialektik (Landschaft 1 plus Landschaft 3 in Landschaft 2) und gradativer Selbstobjektivation (von Landschaft 1 zu Landschaft 2 zu Landschaft 3) deutlich wurde, leistet die Philosophie zwar ein solches Ordnungsgefüge, aber sie bekommt wiederum ihre Inhalte – weniger die zur Natur, vor allem aber die zur Landschaft 1 ff. - durch die Sozialwissenschaften vermittelt. Damit stehen sich Ordnung und Inhalt gegenüber. Idealerweise würde daher ein hinreichendes Wissen von Landschaft überhaupt eine wechselseitige Ergänzung von Philosophie und Sozialwissenschaften voraussetzen. Für das Verhältnis von Ordnung bzw. Form und Inhalt bedeutet das, dass die durch die Philosophie vermittelte Ordnung die Sozialwissenschaften jeweils ihren Ort im Ganzen des Beziehungsgefüges des Wissens von Landschaft in all seinen Analogien und Differenzen, Besonderheiten und Abhängigkeiten etc. zugewiesen bekommen. Habermas bezeichnet das als Platzanweisung (Habermas, 1992), durch die sich die Vertreter der einzelnen sozialwissenschaftlichen Theorien in Rücksicht ihres Woher und Woraufhin (definitio und destinatio) selbst besser verstehen können. Das Wissen von Landschaft würde so ein organisches Ganzes. Die Philosophie hinwiederum würde vermittelt über das induktive Vorgehen und dem damit verbundenen Ableiten von Kategorien, dem

Offenlegen von Strukturen, Strategien und Methoden etc. der Landschaftsbestimmung aus dem inhaltsreichen sozialwissenschaftlichen Wissen von Landschaft ihre eigenen Begriffe von Landschaft zuallererst aufbauen und dann schärfen, in dem sie dem faktisch vorgefundenen Wissen der Sozialwissenschaften eine übergeordnete Ordnung gibt.

Die metatheoretische Leistung, die die Philosophie zu erbringen hätte, wäre mit Mittelstraß gesprochen, dem Verfügungswissen der Sozialwissenschaften ein Orientierungswissen der Philosophie zu geben (Mittelstraß, 1995). Dem Verfügungswissen kommt Kompetenz in Fragen zum konkreten „Wissen um Ursachen, Wirkungen und Mittel" zu. Es steht damit auf der Seite des „Können[s]". Unter dem Orientierungswissen hingegen versteht man mit Mittelstraß ein „regulatives Wissen um (begründete) Ziele und Zwecke". Das Orientierungswissen steht damit auf der Seite des „Sollen[s]". Das Korrelative des geschilderten Verhältnisses von Philosophie und Sozialwissenschaften bekommt mittels der Gegenüberstellung dieser beiden Wissensarten eine tiefere Dimension. Philosophie und Sozialwissenschaften sind zwar voneinander Unterschiedene, aber laut Mittelstraß gilt für sie: „beide Wissensformen gehören […] zusammen. Denn ohne ein regulatives […] Wissen […] entstehen Handlungsdefizite, wird das Können, das sich im Verfügungswissen zur Geltung bringt, orientierungslos." Mittelstraß zufolge hat daher „die Rationalität, die moderne entwickelte Gesellschaften brauchen, nicht nur Probleme des Könnens, sondern auch Probleme des Sollens [zu] lösen" (Mittelstraß, 1995, S. 37). Genau darin besteht die Kernkompetenz der Philosophie: ihre „Gegenstände […] haben […] orientierende Dimensionen" (Mittelstraß, 1995, S. 38).

10.2 Rückführung: Simmel zur Arbeitsteilung von Philosophie und Soziologie

Simmel hat selbst den theoretischen Preis erkannt und thematisiert, den eine Marginalisierung des Individuums (,Welt 2') mit sich bringen kann. In seinen späteren Schriften sucht Simmel daher nach einem Ausweg aus der doppelten ,Tragik' eines überbordenden ,Welt 3'-Einflusses auf das Individuum. Angesprochen ist zum einen das Auseinandertreten von ,subjektiver' und ,objektiver Kultur', das heißt, dass „immer nur ein gewisser Teil der objektiven Kulturwerte zu subjektiven werden" (Simmel, 1992 [1900], S. 104) kann. Der Einzelne könne sich nicht die Fülle der objektiven Kultur aneignen, diese werde zum Selbstzweck, ohne noch den Einzelnen zu kultivieren. Diesen Vorgang nennt Simmel ,Tragödie der Kultur' (Simmel, 2021, S. 385–416, 2022 [1907]). Analog nennt Simmel die Verselbständigung der Vergesellschaftungsformen zum Selbstzweck mit eigener Logik und Wirkmächtigkeit, ohne als Mittel der Vergesellschaftung den Individuen noch dienlich sein zu können, eine „soziologische Tragik" (Simmel, 1970 [1917], S. 38). Der Preis, der mit Simmels Theoriebildung in der Soziologie einhergeht, die das Individuum nur als Rollenträger im Kontext sozialer Handlungen und Vergesellschaftungsprozesse berücksichtigt, bezeichnet Simmel als ,quantitative Individualität': Das Individuum kann nur im

10.2 Rückführung: Simmel zur Arbeitsteilung von Philosophie ...

Schnittpunkt und in der „*Kombination* der [sozialen; Verf.] Kreise" (Simmel, 1992 [1908], S. 485), damit im Schnittpunkt von ‚Welt 3'-Kreisen, in den Fokus rücken. Dagegen setzt er in der ‚Philosophischen Soziologie' (Simmel, 1970 [1917], S. 68–98) das Konzept einer ‚qualitativen Individualität', die nicht im Vergesellschaftungsprozess vollständig aufgeht, sondern etwas in sich Nicht-Sozialisierbares aufbewahren kann.

In diesen Überlegungen zeichnet sich auch bereits eine Arbeitsteilung zwischen Philosophie und Soziologie ab, die Simmel schon früh, in seinen späteren Schriften umso deutlicher zum Ausdruck brachte. Zum einen bestimmt Simmel die Philosophie als eine „vorläufige Wissenschaft, deren allgemeinere Begriffe und Normen uns so lange zur Orientierung über die Erscheinungen dienen, bis die Analyse derselben uns zu der Erkenntnis ihrer realen Elemente und zur exakten Einsicht in die unter diesen wirksamen Kräfte verhilft" (Simmel, 2001, S. 268). Auf diese Weise habe die philosophische Reflexion „die Rolle des Täufers: sie gibt Ahnungen und Umrisse, die ein anderer erfüllt" (Simmel, 2001, S. 370). Zwar möge dies, so Simmel, „nur mit vielem Biegen und Brechen möglich sein, so wird man immerhin so einen allerersten Leitfaden gewinnen, um sich nicht im Gewirr der Erscheinungen zu verlieren" (Simmel, 2001, S. 371). Letztlich sei daher „die Philosophie eine Anticipation der realistischen Erkenntnis, ein intellektuelles Ergreifen der Welt in Pausch (! sic) und Bogen, das eben, wie unser Geist nun einmal eingerichtet ist, dem Erkennen ihrer einzelnen und wahrhaft wirksamen Kräfte vorangehen muß" (Simmel, 2001, S. 371).

Philosophie sei aber nicht nur eine ‚vorläufige Wissenschaft', sondern die Soziologie sei „wie jede andre exakte, auf das unmittelbare Verständnis des Gegebenen gerichtete Wissenschaft [...] von zwei philosophischen Gebieten eingegrenzt" (Simmel, 1992 [1908], S. 39). Das eine sei ein erfahrungsvorgängiges Gebiet, es „umfaßt die Bedingungen, Grundbegriffe, Voraussetzungen der Einzelforschung, die in dieser selbst keine Erledigung finden können, das sie ihr vielmehr schon zugrunde liegen" (Simmel, 1992 [1908], S. 39–40). Dieses Gebiet ordnet er der ‚Erkenntnistheorie' zu. In dem anderen, nunmehr erfahrungsüberschreitenden Gebiet, das er der ‚Metaphysik' zuordnet, wird eine jeweilige „Einzelforschung zu Vollendungen und Zusammenhängen geführt und mit Fragen und Begriffen in Beziehung gesetzt, die innerhalb der Erfahrung und des unmittelbar gegenständlichen Wissens keinen Platz haben" (Simmel, 1992 [1908], S. 40). Er unterscheidet innerhalb dieser von ihm als legitim bewerteten Metaphysik zwei ‚Probleme' bzw. Aufgaben: Erstens, wie schon bei Kant, die „Zusammenhanglosigkeit und gegenseitige Fremdheit" der fragmentarischen empirischen Einzelerkenntnisse „zur Einheit eines Gesamtbildes zu ergänzen" (Simmel, 1992 [1908], S. 40). Zweitens spricht er „eine andere Dimension unseres Daseins" an, „in der die metaphysische Bedeutung seiner Inhalte liegt: wir drücken sie aus als den Sinn oder den Zweck, als die absolute Substanz unter den relativen Erscheinungen, auch als den Wert oder die religiöse Bedeutung" (Simmel, 1992 [1908], S. 40). Simmel spricht, wiederum wie Kant, von einem „metaphysischen Bedürfnis" (Simmel, 2001, S. 418), das er mit dem „Spieltrieb" (Simmel 2001, S. 417) in Verbindung bringt. Auch wenn eine „Bewährung am Wirklichen" (Simmel, 2001, S. 317) versagt bleibt, verschafft der Spieltrieb „dem metaphysischen Bedürfnis so auf symbolischem Wege die Genugthuung, die ihm auf realistischem versagt ist" (Simmel, 2001, S. 418).

Auch wenn wir selbstverständlich keiner Metaphysik einer ‚absoluten Substanz' das Wort reden wollen, kann der ‚Spieltrieb' im Sinne eines spielerischen Umgangs mit menschlichen Möglichkeiten der Kontingenz dieser Möglichkeiten wie auch der ‚Bewährungen am Wirklichen' Rechnung tragen und damit gegen eine essentialistische Metaphysik eine kontingenzsensible, aber zu freigewählten Selbstbindungen bereite ‚pragmatische Anthropologie' setzen.

Fazit 11

Die „Philosophie der Landschaft" von Georg Simmel weist bis heute einen hohen Grad an Aktualität auf, wies sie doch den Weg zu einem Begriff von Landschaft, jenseits der essentialistischen Suche nach ihrem unverrückbaren und eindeutigen ‚Wesen' oder den positivistisch-empiristischen Repräsentationsvorstellungen, hin zu der sozialen Gebundenheit von Deutungen, Kategorisierungen und Bewertungen von Landschaft. Er legte damit eine bedeutsame Grundlage für die Entwicklung aktueller Landschaftsforschung, die – wie gezeigt – in Bezug auf die Integration a- und b-modaler Konstruktion ebenso wie in Bezug auf Multisensualität, Macht, der Integration anthropogener Objekte, aber auch die Entwicklung mehr-als-repräsentationaler Ansätze in sozialwissenschaftlicher Perspektive über Simmel hinausgeht. Hinsichtlich der Entwicklung des philosophischen Landschaftsverständnisses lässt sich die Persistenz der Rückführung des Begriffs der Landschaft auf den der Natur feststellen. Diese Engführung eines philosophischen Landschaftsbegriffs wiederum erschwert die Deutung und insbesondere die Reflexion von Landschaftsdeutungen eigens in (sub-)urbanen Kontexten, aber auch hinsichtlich weit weniger intensiven Eingriffen in als Landschaften 1 gedeuteten Räumen 1. Die hier gebildeten Landschaftsbegriffe entziehen sich so – zunächst – einer philosophischen Begriffskritik. In Bezug auf sozialwissenschaftliche und philosophische theoretische Zugänge zu Landschaft lässt sich zudem eine Vernachlässigung von Landschaft 2 feststellen, mit Ausnahme der phänomenologischen Landschaftsforschung, die auf das individuelle Erleben von als Landschaft 1 gedeutetem Raum 1 ausgerichtet ist: Landschaft 2 wird entweder weitgehend ignoriert (etwa aus positivistischer Perspektive, die sich primär mit Landschaft 1 befasst, aber auch aus diskurs- und radikalkonstruktivistischer Perspektive, die auf Landschaft 3 ausgerichtet sind), eher als ‚Transformationsinstanz' zwischen Landschaft 3 und

Landschaft 1 gesehen (wie bei den kritischen Ansätzen) oder – wie im Sozialkonstruktivismus – als ein Ausdruck gesellschaftlicher Sozialisationsprozesse mit (bescheidenem) Innovationspotenzial.

Simmel hat zudem selbst bereits das Problem der ‚Welt 2-Vergessenheit' der Soziologie erkannt und thematisiert sowie Überlegungen zur Arbeitsteilung zwischen Philosophie und Soziologie angestellt, die erstens Philosophie als ‚vorläufige Wissenschaft' zur Soziologie in der ‚Rolle des Täufers' sowie als gleichsam nachläufige Wissenschaft im erfahrungsvorgängigen wie auch erfahrungsnachgängigen ‚Gebiet' der Philosophie verankert. Diese Überlegungen Simmels zum Verhältnis von Soziologie und Philosophie lassen sich als Anregungen auf das Verhältnis von Sozialwissenschaften und Philosophie übertragen.

‚Landschaft' lässt sich – wie schon häufiger festgestellt – als ein ‚undifferenzierter Catch-All-Begriff' räumlicher Bezüge verstehen (siehe dazu etwa: Eisel, 1982; Gailing und Leibenath, 2012; Hard, 1970b, 1970a, 1973). Dieser Zugriff produziert eine Schein-Anschlussfähigkeit für unterschiedliche a-, b- und c-modale Konstruktionen. Dabei bestehen zwei zentrale Probleme, die insbesondere bei der Entwicklung von Landschaftskonflikten deutlich werden: Erstens, das Wort ‚Landschaft' wird begrifflich stark unterschiedlich gefasst. Die Begriffe von Landschaft bleiben in der Regel unreflektiert, sowohl vorwissenschaftlich wie wissenschaftlich. So wird dem eigenen Begriff eine ‚normale' Position unterstellt und dabei häufig eine universelle Gültigkeit zugewiesen, die häufig (implizit) auf essentialistischen Residuen gründet. Zweitens, ist ‚Landschaft' nicht nur hochgradig mit ästhetischen, sondern auch mit moralischen Normen aufgeladen. Dies ist eine zentrale Unterscheidung von ‚Landschaft' zu ‚Raum', dem eine eher deskriptive oder analytische Bedeutung zukommt. Die Bedeutung der Begriffsarbeit verdeutlicht Abb. 10.1: Alle Stufen wissenschaftlicher Arbeit, von Daten, über Methoden, methodologischen Überlegungen, Theorien, Wissenschaftstheorie bis hin zur wissenschaftlichen Arbeit überspannenden Epistemologie, ist von Begriffen abhängig. Bleiben diese unreflektiert, gerät die Pyramide ins Wanken (Abb. 11.1).

Die Herausforderung für eine Reformulierung philosophischer Landschaftsbegriffe ist eine fünffache: Erstens gilt es, die überkommene Bindung des Landschaftsbegriffs an den Begriff der Natur aufzuheben, um so Anschluss an aktuelle – nicht allein sozialwissenschaftliche – Verständnisse von Landschaft zu erhalten. Zweitens, gilt es, die unterschiedlichen Landschaftsbegriffe, nicht nur der Sozialwissenschaften, sondern der landschaftsbezogenen Wissenschaften, wie auch der alltagsweltlichen (a- und b-modalen), einer Kritik hinsichtlich Bedeutung, normativen Gehalten und (potenziellen) Wirkungen zu unterziehen. Drittens, ist ein Vergleich, hinsichtlich Komplementarität und Inkommensurabilität dieser Begriffe nötig, der viertens, in einem meta-theoretischen Verständnis zu Landschaft führen könnte. Fünftens, bedarf es eines (ergänzenden) Landschaftsbegriffs, der der zentralen Stellung von Landschaft 2 in der Konstruktion von Landschaft gerecht wird, die aber bis dato kaum theoretisch aufgegriffen wird. Die Philosophie ist

11 Fazit

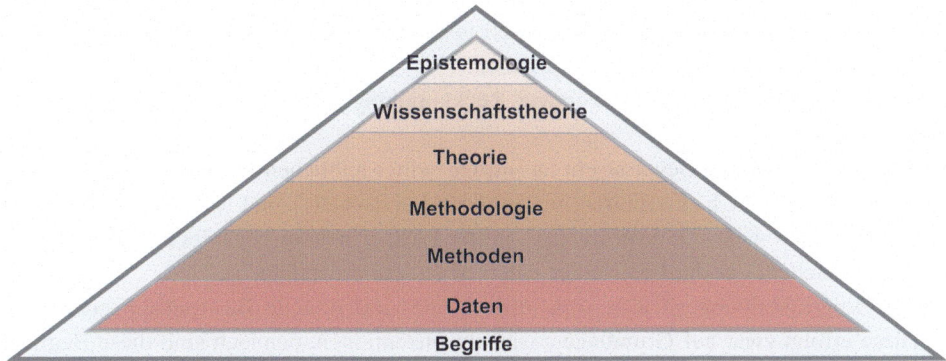

Abb. 11.1 Die Abhängigkeit von Wissenschaft auf allen Ebenen von sie tragenden Begriffen (Eigene Darstellung, in Erweiterung von: Kühne und Berr 2022)

jene Disziplin, die für eine solche Aufgabe prädestiniert ist, da sie nicht, wie die Naturwissenschaften auf Landschaft 1, und nicht wie die Sozialwissenschaften, auf Landschaft 3, fokussiert ist. Aus dieser Aufzählung wird deutlich, dass sich für ein solches Unterfangen insbesondere eine neopragmatische meta-theoretische Rahmung eignet, da diese zum einen Multiperspektivität und Komplementarität von Theorien und Begriffen und zum anderen an der (auch praktischen) Tauglichkeit von Begriffen und Theorien ausgerichtet ist.

Gefordert wird von der Philosophie eine Koordinationslogik, unter die das Wissen von Einzeltheorien der Sozialwissenschaften in eine dynamische Epistemologie integriert werden kann, ohne dass diese auf universelle Wahrheit zurückgeführt werden. Die genannte Logik muss sich zudem in einer Form niederschlagen, die den Zufall in Bezug auf die Vielzahl von Möglichkeiten von Konflikten und deren Lösungen zulassen kann. Die von der Philosophie aufzustellende Ordnung wäre demnach im Sinne von Richard Rorty und Robert Brandom eine offene Ordnung (Brandom, 2004; Rorty, 1997).

Ein weiteres Defizit der Landschaftsforschung (hier insbesondere sozialwissenschaftlicher und philosophischer Art, was aber auch die Raumwissenschaften betrifft) liegt – wie in diesem Buch gezeigt – in der weitgehenden Ausklammerung der Welt 2 (hier als Landschaft 2 bzw. Natur 2). Um dieses Defizit zu beheben ist ein auf Welt 2 (hier: Landschaft 2 bzw. Natur 2) zentrierter theoretischer Zugriff nötig. Angesichts der Bedeutung des Individuums bei der Konstruktion von Welt, Raum, Landschaft und Natur ließe sich dieser als ‚Individualkonstruktivismus' verstehen. Die Notwendigkeit eines solchen Zugriffs ergibt sich aus sechs Gründen:

a) Welt 2 bildet die zentrale Position in Vermittlung von Welt 1 zu 3 und umgekehrt.
b) Die soziale Konstruktion von Welt (Landschaft, Raum, Natur…) ist konstitutiv an das individuelle Bewusstsein der Welt 2 gebunden.

c) Es gibt so viele Welten 2, wie es Menschen gibt, wobei nicht alle Menschen – bedingt durch die Spezifika der kulturell gebundenen Welt 3 – auch ein individuelles Landschaftsbewusstsein ausgeprägt haben.
d) Soziale Konflikte stehen in rekursiver Rückkopplung mit dem personalen Konfliktbewusstsein.
e) Nur das individuelle Bewusstsein ist infolge seiner leiblichen Einbettung in der Lage, Welt 1 und Raum 1 zu erfahren, um in diese Landschaft 1 und Natur 1 zu konstruieren. Nur Welt 1 ist – leibvermittelt – in der Lage, einen vorbegrifflichen Weltzugang sicherzustellen, der die Basis einer jeden Abstraktion darstellt.
f) Jede Begriffsbildung ist also konstitutiv an das individuelle Bewusstsein gebunden. Diese erfolgt zwar auf Grundlage sozialer Konventionen, dennoch sind diese Begriffe individuell hinsichtlich ihrer Tauglichkeit für alle drei Welten überprüfbar.
g) Allein das individuelle Bewusstsein ist in der Lage, die drei Kantschen Fragen „Was kann ich wissen?", „Was soll ich tun?", „Was darf ich hoffen" (Kant, 1968, S. 25) in allen drei Welten zu beantworten. Bekanntlich fallen diese drei Fragen in einer vierten Frage zusammen: „Was ist der Mensch?" (Kant 1968, S. 25). Diese Frage benennt den anthropologischen Aspekt der bisherigen Überlegungen, insofern die Frage nach ‚dem Menschen' traditionell in die Anthropologie fällt, der Mensch grundlegend dadurch ausgezeichnet ist, nach sich selbst, seiner Herkunft und Zukunft, seinen Zielen und Zwecken, Verpflichtungen und Geboten sowie Hoffnungen und Aussichten fragen zu können (zur Anthropologie einführend beispielsweise Bohlken und Thies, 2009; Hartung, 2018).

Die genannten Fragen Kants sind für das Individuum existentiell konstitutive Fragen. Im Individualkonstruktivismus lassen sich diese Fragen als Wurzel und auch Lösung eines jeden Konflikts wie folgt verorten: Indem alles Erkannte (Landschaft 2 im Übergang zu Landschaft 3) durch den Vorgang des Erkennens konstruiert wird (vornehmlich Landschaft 2), nimmt jedes Individuum das Erkannte auf eine ihm ganz eigentümliche Weise wahr. Dies ist relevant für Landschaft 2. Es geht nicht um ontologische Fragen, wie diejenige, was erkannt wird, sondern es geht um die nach dem ‚wie' des Erkennens, d. h. es steht nicht das ‚Wesen der Dinge' – in vorliegendem Fall Landschaft 2 -, sondern die Genese der Erkenntnis von Landschaft 2 im Vordergrund. Die Rekonstruktion der Genese ist an der Erkenntnistätigkeit des Individuums in all ihren bewussten und präbewussten, in ihren vermögenstheoretischen Konstellationen sowie an den Weisen der sich in diesen Konstellationen manifestierenden Selbstverhältnisse und nicht an der Bestimmung der vom Individuum unabhängigen Realität von Landschaft 2 ausgerichtet. Die Leistung, die der Individualkonstruktivismus erbringt, ist mittels des Aufweises der Mannigfaltigkeit möglicher Wirklichkeitsauffassungen von Landschaft 2 aus der Explikation der jeweiligen Selbstverhältnisses heraus, bestimmte Erlebensweisen von Landschaft 2 und Bedeutungen, die diese für das einzelne Individuum haben können sowie die Bildung von Fähigkeiten im Umgang mit Konflikten, die sich für das Individuum in seinem

Selbstverhältnis auf dieser 2. Stufe ergeben, herauszustellen. Der große Gewinn der individualkonstruktivistischen Bestimmung von Landschaft 2 liegt in der Binnenperspektive des Individualbewusstseins, in dem in der Genese des Bewusstseins von etwas zuallererst eine Selbstzuschreibung des Gewussten – hier Landschaft 1 verarbeitet zu Landschaft 2 – erfolgt und mittels der sich das Individuum ebenso gleichursprünglich in ein wertendes Verhältnis zum Gewussten bzw. zu Landschaft setzt. Etwas zu wissen, bedeutet hier immer auch, dieses in eins in einer bestimmten positiven oder negativen qualitativen und quantitativen Relation zu sich selbst zu wissen, das heißt, im Verhältnis des Individuums zur Landschaft manifestiert sich in eins sein Verhältnis zu sich selbst. Landschaft avanciert so zum Spiegel des Selbstverhältnisses des Individuums. Die Erfahrungen, die das Individuum mit Landschaft macht, sind zugleich Erfahrungen mit sich selbst, die es dann wiederum auf die Landschaft überträgt. Die Bildung des Wissens von Landschaft 2 ist wesentlich und ursprünglich in den Prozess der Identitätsbildung des Individuums eingebunden. Damit ist aber auch zugleich die Quelle von Konflikten im Umgang mit Landschaft 2 grundgelegt, die sich im Individuum als problematische „Verhältniss[e]" zwischen Selbstanspruch und Wirklichkeit, [...] zwischen Vorsatz und Realisierung [... und] zwischen Selbstidealität und Realität" manifestieren. Die Beziehung des Individuums auf Landschaft offenbart sich für es in Form eines „interne[n] ‚Wertebilanz-Modell[s]'", mit dem die genannten Verhältnisse im Hinblick auf die genannten Kantischen Fragen „abgeprüft" (Emrich, 2004, S. 20) werden. Die Phänomene von Landschaft sind somit in einer individualkonstruktivistischen Erörterung von Landschaft unmittelbar mit „Fragen nach Freiheit, Moralität [...] Sinngebung" (Emrich, 2004, S. 21) verbunden.

Im Ausgang von dieser ursprünglichen Verbindung von Landschaft 2 mit der Selbstpräsenz des Individualbewusstseins ließen sich dann in Bezug auf Landschaft 1 die genannten Phänomene von Landschaft 2 nicht bloß erleben, sondern wissenschaftlich ergründen und mit Bezug auf Landschaft 3 interpersonal ausdifferenzieren, wobei der Ursprung der Konflikte von Landschaft 1, das sind zum Beispiel Widersprüche im Wissen über das Gegebene und Landschaft 3, das sind zum Beispiel Auseinandersetzungen verschiedener Gruppierungen zum Umgang mit Ressourcen (vgl. dazu die Einleitung) jeweils im Bewusstseinsmodus von Landschaft 2 gründen. Damit jedoch eine soziale Gruppe sich im Bewusstseinsmodus von Landschaft 3 unter einer bestimmten Option, beispielsweise zur Aufteilung von Ressourcen, formieren kann, muss sich das Individuum bereits mehr oder weniger reflektiert mindestens schon einmal auf das Erkenntnisobjekt Landschaft 1 im Bewusstseinsmodus von Landschaft 2 bezogen haben, um von diesem Gegenstand überhaupt zu wissen und damit in eins in einer subjektiv gefärbten Bestimmtheit zu wissen. Der individualkonstruktivistische Ansatz hätte demnach auf dem neopragmatischen Fundament der Ordnung sozialwissenschaftlicher Einzeltheorien und ihrer Materialien nach der Bedeutung der Phänomene von Landschaft 2 für die subjektive Verfasstheit des Individuums zu fragen und damit die Bedeutung der Phänomene von Landschaft 2 über die Eingangsfrage Kants ‚was kann ich wissen' hinaus auf die Ebenen der Anschlussfragen

‚was soll ich tun' und ‚was darf ich hoffen' zu erweitern. Damit wäre das Soll des durch Philosophie einzuholenden Orientierungswissens erreicht.

Wie in Kap. 3 gezeigt, lassen sich die Programme der sozialkonstruktivistischen und der phänomenologischen Landschaftsforschung als ‚zwei Seiten einer Medaille' beschreiben, da sie einerseits die Verhältnisse zwischen Landschaft 2 und 3 (Sozialkonstruktivismus) und andererseits die Relationen zwischen Landschaft 2 und Landschaft 1 (Phänomenologie) fokussieren. Insofern könnten gerade diese beiden Forschungsprogramme einen Ausgangspunkt für Entwicklung einer individualkonstruktivistischen Landschaftstheorie bilden. Um den Ansprüchen einer konstitutiv auf Landschaft 2 ausgerichteten Landschaftstheorie gerecht zu werden, gilt es, in Bezug auf die sozialkonstruktivistische Grundlage, die innovativen Relationen von Landschaft 2 zu Landschaft 3 stärker herauszuarbeiten, hinsichtlich des phänomenologischen Zugangs, die Konstruiertheit von Landschaft 1 gegenüber dem Erleben von Raum 1 stärker zu differenzieren.

Darüber hinaus sieht sich die Landschaftsforschung im Allgemeinen, die sozialwissenschaftliche und philosophische im Besonderen, der Herausforderung expandierender Arten und Geltungsansprüche von Kritik ausgesetzt: Konnte sie sich als Modus 1-Wissenschaft auf das innerwissenschaftliche Feld der Binnenkritik, der Kritik der Kontextualisierung, der meta-theoretischen Kritik sowie der Kritik der (wissenschaftlichen) Folgen und unintendierten Nebenfolgen ihres Agierens beschränken, ist sie nun Gegenstand außerwissenschaftlicher Kritik. Diese Expansion betrifft, erstens, die lebenspragmatische Kritik, die Tauglichkeit der Ergebnisse im lebensweltlichen Kontext einfordert. Der Umgang mit dieser Kritik lässt sich indes relativ problemlos in die Logik der (Landschafts)Forschung integrieren, da die Reflexion der lebensweltlichen Folgen und unintendierten Nebenfolgen in die Routinen einer ‚erweiterten Binnenkritik' einfließen können. Herausfordernder gestaltet sich der Umgang mit weltanschaulicher Kritik. Da diese einerseits auf zumeist nicht-wissenschaftlichen Logiken basiert (insbesondere der Moral), andererseits häufig ihre Grundlagen nicht reflektiert oder nicht offen legt, da sie diese für selbstverständlich hält. Da nicht allein wissenschaftliche – hier landschaftswissenschaftliche – Expertise im Zuge der Entwicklung von Modus 2-Wissenschaft in Richtung der übrigen Gesellschaft transgressiv wirkt, sondern auch außergesellschaftliche Logiken auf Wissenschaft einwirken, lässt sich das Übergreifen weltanschaulicher Kritik auf Wissenschaft im Allgemeinen, Landschaftsforschung im Besonderen, feststellen. Um wiederum die Wirkungen dieses Übergreifens abschätzen zu können bzw. diese für die Landschaftsforschung sogar fruchtbar zu machen, ist wiederum die Arbeit an der kleinsten wissenschaftlichen Einheit, den Begriffen, nötig, um untaugliche Verallgemeinerungen und Moralisierungen zu vermeiden. Auch die Herausforderung des Übergriffs weltanschaulicher Kritik, mit der ihr häufig eigenen Moralisierung, die nicht auf Argumente, sondern Personen zielt, erfordert eine verstärkte Reflexion der Bedeutung von Welt 2 – hier Landschaft 2.

Literatur

Adorno, T. W. (1970). *Ästhetische Theorie. Gesammelte Schriften Band 7*. Suhrkamp.
Ahrens, D. (2008). Georg Simmel. Phänomenologische Vorarbeiten für eine Sozialraumforschung. In F. Kessl & C. Reutlinger (Hrsg.), *Schlüsselwerke der Sozialraumforschung* (S. 78–93). VS Verlag für Sozialwissenschaften. https://doi.org/10.1007/978-3-531-91159-5_6.
Albert, C., Galler, C., & Haaren, C. von (Hrsg.). (2022). *Landschaftsplanung* (2. vollst. überarb. u. erw. Aufl.). Utb GmbH.
Allen, C. D. (2011). On Actor-Network Theory and landscape. *Area, 43*(3), 274–280. https://doi.org/10.1111/j.1475-4762.2011.01026.x.
Antrop, M. (2019). A brief history of landscape research. In P. Howard, I. Thompson, E. Waterton, & M. Atha (Hrsg.), *The routledge companion to landscape studies* (2. Aufl., S. 1–16). Routledge.
Appadurai, A. (1990). Disjuncture and difference in the global cultural economy. *Theory, Culture & Society, 7*(2–3), 295–310. https://doi.org/10.1177/026327690007002017.
Arntzen, S., & Brady, E. (Hrsg.). (2008). *Humans in the land. The aesthetics and ethics of the cultural landscape*. Oslo Academic Press/Unipub.
Aschenbrand, E. (2016). Einsamkeit im Paradies. Touristische Distinktionspraktiken bei der Aneignung von Landschaft. *Berichte. Geographie und Landeskunde 90* (3), 219–234.
Aschenbrand, E. (2017). *Die Landschaft des Tourismus. Wie Landschaft von Reiseveranstaltern inszeniert und von Touristen konsumiert wird*. Springer VS.
Bahr, H.-D. (2014). *Landschaft. Das Freie und seine Horizonte*. Alber.
Bauch, K. (1957 [1937]). Anfänge der neuzeitlichen Kunst. In Joachim Jungius-Gesellschaft der Wissenschaften (Hrsg.), *Die Entfaltung der Wissenschaft. Zum Gedenken an Joachim Jungius (1587–1657)*. Vorträge gehalten auf der Tagung der Joachim Jungius-Gesellschaft der Wissenschaften, Hamburg, am 31. Okt./1. Nov. 1957 aus Anlaß der 300. Wiederkehr des Todestages von Joachim Jungius (S. 118–139). Augustin.
Baumgarten, A. G. (2009 [1750–1758]). *Ästhetik* (Philosophische Bibliothek, 572a/b, 2 Bände). Meiner.
Berger, P. L. (2017 [1963]). *Einladung zur Soziologie. Eine humanistische Perspektive* (UTB Soziologie, Bd. 3495, 2., ergänzte Auflage). UVK Verlagsgesellschaft mbH; UVK/Lucius. (Originalarbeit erschienen 1963).

Berger, P. L., & Luckmann, T. (1966). *The social construction of reality. A treatise in the sociology of knowledge*. Anchor Books.

Berr, K. (2008). Carus und Hegel über Landschaftsmalerei. Landschaftsästhetik nach dem „Ende" der Landschaftsmalerei. In A. Gethmann-Siefert & B. Collenberg-Plotnikov (Hrsg.), *Zwischen Philosophie und Kunstgeschichte. Beiträge zur Begründung der Kunstgeschichtsforschung bei Hegel und im Hegelianismus* (S. 243–256). Fink.

Berr, K. (2009). „Schöne Natur". Zu Hegels ästhetischer Natur-Deutung. In A. Gethmann-Siefert & E. Weisser-Lohmann (Hrsg.), *Wege zur Wahrheit. Festschrift für Otto Pöggeler zum 80. Geburtstag* (S. 239–260). Fink.

Berr, K. (2016). Stadt und Land(schaft). Ein erweiterter Blick mit dem „zweyten Auge" auf ein fragwürdig gewordenes Verhältnis. In K. Berr & H. Friesen (Hrsg.), *Stadt und Land. Zwischen Status quo und utopischem Ideal* (S. 75–117). Mentis.

Berr, K. (2018). „Landschaft" als Integrationsbegriff sittlich-politischer, ästhetischer, regionaler und partizipativer Aspekte. *Berichte. Geographie und Landeskunde, 92*(2), 123–138.

Berr, K. (2022). Planungs- und Natur(schutz)ethik – eine großschutzgebietsbezogene Kritik. *Berichte. Geographie und Landeskunde, 95*(4), 336–358.

Berr, K. (2023). Landschaftsarchitektur. In O. Kühne, F. Weber, K. Berr & C. Jenal (Hrsg.), *Handbuch Landschaft* (2. Aufl., in diesem Handbuch). Springer VS.

Berr, K., & Feldhusen, S. (Hrsg.). (2023). *Forschungsmethoden Landschaftsarchitekturtheorie. Aktuelle Perspektiven und Positionen*. Springer VS.

Berr, K., Jenal, C., Kühne, O., & Weber, F. (2019). *Landschaftsgovernance. Ein Überblick zu Theorie und Praxis*. Springer VS.

Berr, K., & Kühne, O. (2019). Moral und Ethik von Landschaft. In O. Kühne, F. Weber, K. Berr, & C. Jenal (Hrsg.), *Handbuch Landschaft* (S. 351–365). Springer VS.

Berr, K., & Kühne, O. (2020). *„Und das ungeheure Bild der Landschaft …". The Genesis of Landscape Understanding in the German-speaking Regions*. Springer VS.

Berr, K., & Lohmann, P. (2023). Landschaft und Philosophie. In O. Kühne, F. Weber, K. Berr, & C. Jenal (Hrsg.), *Handbuch Landschaft* (2. Aufl., in diesem Handbuch). Springer VS.

Berr, K., & Schenk, W. (2019). Begriffsgeschichte. In O. Kühne, F. Weber, K. Berr, & C. Jenal (Hrsg.), *Handbuch Landschaft* (S. 23–38). Wiesbaden: Springer VS.

Berr, K., & Schenk, W. (2023). Begriffsgeschichte. In O. Kühne, F. Weber, K. Berr, & C. Jenal (Hrsg.), *Handbuch Landschaft* (2. Aufl., in diesem Handbuch). Springer VS.

Birnbacher, D. (2005). *Ökologie und Ethik*. Reclam.

Bloch, E. (1970). *Das Prinzip Hoffnung*. Suhrkamp.

Bloch, E. (1973). *Das Prinzip Hoffnung*. Suhrkamp.

Blumenberg, H. (1984). *Der Prozeß der theoretischen Neugierde*. Suhrkamp.

Blumer, H. (1969). *Symbolic Interactionism*. University of California Press.

Blumer, H. (1973). Der methodologische Standort des symbolischen Interaktionismus. In Arbeitsgruppe Bielefelder Soziologen (Hrsg.), *Alltagswissen, Interaktion und gesellschaftliche Wirklichkeit. Band 1* (S. 80–146). Rowohlt.

Boesch, E. E. (1980). *Kultur und Handlung. Einführung in die Kulturpsychologie*. Huber.

Bohlken, E., & Thies, C. (Hrsg.). (2009). *Handbuch Anthropologie. Der Mensch zwischen Natur, Kultur und Technik*. J.B. Metzler.

Böhme, G. (1989). *Für eine ökologische Naturästhetik*. Suhrkamp.

Böhme, G. (1992). *Natürlich Natur. Über Natur im Zeitalter ihrer technischen Reproduzierbarkeit*. Suhrkamp.

Böhme, G. (1995). *Atmosphäre. Essays zur neuen Ästhetik* (Edition Suhrkamp). Suhrkamp.

Boltanski, L. (2010). *Soziologie und Sozialkritik*. Suhrkamp (Frankfurter Adorno-Vorlesungen 2008).

Bonacker, T. (2009). Konflikttheorien. In G. Kneer & M. Schroer (Hrsg.), *Handbuch Soziologische Theorien* (S. 179–197). VS Verlag.

Bosch, S., & Peyke, G. (2011). Gegenwind für die Erneuerbaren–Räumliche Neuorientierung der Wind-, Solar-und Bioenergie vor dem Hintergrund einer verringerten Akzeptanz sowie zunehmender Flächennutzungskonflikte im ländlichen Raum. *Raumforschung und Raumordnung – Spatial Research and Planning 69* (2), 105–118.

Bosch, S., & Schwarz, L. (2019). The energy transition from plant operators' perspective – A behaviorist approach. *Sustainability: Science, Practice and Policy 11* (6), 1621. https://doi.org/10.3390/su11061621.

Bourassa, S. C. (1991). *The aesthetics of landscape*. Belhaven Press.

Bourdieu, P. (2016). *La distinction: Critique sociale du jugement (Le Sens commun)*. Editions de Minuit.

Brady, E. (2003). *Aesthetics of the natural environment*. Edinburgh University Press.

Brandom, R. (2004). Selbstbewusstsein und Selbst-Konstitution. Die Struktur von Wünschen und Anerkennung. In C. Halbig, M. Quante, & L. Siep (Hrsg.), *Hegels Erbe* (S. 46–77). Suhrkamp.

Breukers, S., & Wolsink, M. (2007). Wind power implementation in changing institutional landscapes: An international comparison. *Energy Policy, 35*(5), 2737–2750. https://doi.org/10.1016/j.enpol.2006.12.004.

Bruns, D., Stemmer, B., Münderlein, D., & Theile, S. (Hrsg.). (2021). *Handbuch Methoden Visueller Kommunikation in der Räumlichen Planung*. Springer Fachmedien.

Burckhardt, J. (1976 [1859]). *Die Kultur der Renaissance in Italien. Ein Versuch*. Kröner.

Burckhardt, L. (2006a). Landschaftsentwicklung und Gesellschaftsstruktur (1977). In M. Ritter & M. Schmitz (Hrsg.), *Warum ist Landschaft schön? Die Spaziergangswissenschaft* (S. 19–32). Martin Schmitz.

Burckhardt, L. (2006b). *Warum ist Landschaft schön? Die Spaziergangswissenschaft*. Martin Schmitz.

Burckhardt, L. (2008). *Warum ist Landschaft schön? Die Spaziergangswissenschaft* (2. Aufl.). Schmitz.

Busch, W. (1997). *Landschaftsmalerei. Geschichte der klassischen Bildgattungen in Quellentexten und Kommentaren* (Schriften von Werner Busch, 67a). Reimer.

Callon, M. (1999). Actor-network theory – The market test. *The Sociological Review, 47*(S1), 181–195.

Carus, C. G. (1982). *Briefe und Aufsätze über Landschaftsmalerei*. Kiepenheuer & Witsch (Hrsg. und mit einem Nachwort von Gertrud Heider).

Cassirer, E. (1975). Ästhetischer, mythischer und theoretischer Raum. In A. Ritter (Hrsg.), *Landschaft und Raum in der Erzählkunst* (Wege der Forschung, Bd. 418, S. 17–35). WBG.

Chalmers, A. F. (2013). *What is this thing called science?* (4. Aufl.). Hackett Publishing Company.

Chilla, T., Kühne, O., Weber, F., & Weber, F. (2015). „Neopragmatische" Argumente zur Vereinbarkeit von konzeptioneller Diskussion und Praxis der Regionalentwicklung. In O. Kühne & F. Weber (Hrsg.), *Bausteine der Regionalentwicklung* (S. 13–24). Springer VS.

Chomsky, N. (1981). *Regeln und Repräsentationen (Suhrkamp Taschenbuch Wissenschaft)*. Suhrkamp.

Cowell, R. (2010). Wind power, landscape and strategic, spatial planning – The construction of 'acceptable locations' in Wales. *Land Use Policy, 27*(2), 222–232. https://doi.org/10.1016/j.landusepol.2009.01.006

Czepczyński, M. (2008). *Cultural landscapes of post-socialist cities. Representation of powers and needs*. Ashgate.

Dahrendorf, R. (1957). *Soziale Klassen und Klassenkonflikt in der industriellen Gesellschaft*. Enke.

Dahrendorf, R. (1968). *Pfade aus Utopia. Arbeiten zur Theorie und Methode der Soziologie*. Piper.

Dahrendorf, R. (1972). *Konflikt und Freiheit. Auf dem Weg zur Dienstklassengesellschaft*. Piper.

Dahrendorf, R. (1991). Liberalism. In J. Eatwell (Hrsg.), *The New Palgrave Dictionary of Economics* (S. 385–389). Macmillan.

Dahrendorf, R. (1992). *Der moderne soziale Konflikt. Essay zur Politik der Freiheit*. Deutsche Verlags-Anstalt DVA.

D'Angelo, P. (2021). *Il paesaggio. Teorie, storie, luoghi*. GLF editori Laterza.

Dilthey, W. (1914). *Gesammelte Schriften, Bd. 2. Weltanschauung und Analyse des Menschen seit Renaissance und Reformation*. B.G. Teubner.

Dubiel, H. (1992). *Kritische Theorie der Gesellschaft. Eine einführende Rekonstruktion von den Anfängen im Horkheimer-Kreis bis Habermas*. Beltz Juventa.

Eberle, M. (1980). *Individuum und Landschaft. Zur Entstehung und Entwicklung der Landschaftsmalerei*. Anabas.

Eckardt, F. (2014). *Stadtforschung. Gegenstand und Methoden*. Springer VS.

Edler, D., Husar, A., Keil, J., Vetter, M., & Dickmann, F. (2018). Virtual Reality (VR) and Open Source Software: A Workflow for Constructing an Interactive Cartographic VR Environment to Explore Urban Landscapes. *KN – Journal of Cartography and Geographic Information 68* (1), 5–13. https://doi.org/10.1007/BF03545339.

Edler, D., Keil, J., Wiedenlübbert, T., Sossna, M., Kühne, O., & Dickmann, F. (2019). Immersive VR Experience of Redeveloped Post-industrial Sites: The Example of "Zeche Holland" in Bochum-Wattenscheid. *KN – Journal of Cartography and Geographic Information 38* (3), 1–18. https://doi.org/10.1007/s42489-019-00030-2.

Edler, D., & Kühne, O. (2022a). Aesthetics and Cartography: Post-Critical Reflections on Deviance in and of Representations. *ISPRS International Journal of Geo-Information 11* (10). https://doi.org/10.3390/ijgi11100526.

Edler, D. & Kühne, O. (2022b). Deviant Cartographies: A Contribution to Post-critical Cartography. *KN – Journal of Cartography and Geographic Information,* 1–14. https://doi.org/10.1007/s42489-022-00110-w.

Edler, D., Kühne, O., Jenal, C., Vetter, M. & Dickmann, F. (2018). Potenziale der Raumvisualisierung in Virtual Reality (VR) für die sozialkonstruktivistische Landschaftsforschung. *KN – Journal of Cartography and Geographic Information 68* (5), 245–254. https://doi.org/10.1007/BF03545421.

Eichenauer, E., & Gailing, L. (2022). What Triggers Protest? Understanding Local Conflict Dynamics in Renewable Energy Development. *Land, 11*(10), 1700. https://doi.org/10.3390/land11101700.

Eichenauer, E., Reusswig, F., Meyer-Ohlendorf, L., & Lass, W. (2018). Bürgerinitiativen gegen Windkraftanlagen und der Aufschwung rechtspopulistischer Bewegungen. In O. Kühne & F. Weber (Hrsg.), *Bausteine der Energiewende* (S. 633–651). Springer VS.

Eisel, U. (1982). Die schöne Landschaft als kritische Utopie oder als konservatives Relikt. Über die Kristallisation gegnerischer politischer Philosophien im Symbol „Landschaft". *Soziale Welt – Zeitschrift für Sozialwissenschaftliche Forschung 33* (2), 157–168.

Eisel, U., & Körner, S. (Hrsg.). (2009). *Befreite Landschaft. Moderne Landschaftsarchitektur ohne arkadischen Ballast?* (Beiträge zur Kulturgeschichte der Natur, Bd. 18). Technische Universität München.

Emrich, H. M. (2004). Identität und Freiheit. Das Selbstverhältnis ist neurobiologisch nicht einzuholen. *Die Politische Meinung 49* (420), 19–26. www.kas.de/de/web/die-politische-meinung/artikel/detail/-/content/identitaet-und-freiheit. Zugegriffen: 1. Aug. 2023.

Endreß, S. (2023). Multisensory Landscapes – Smellscapes. In L. Koegst, O. Kühne & D. Edler (Hrsg.), *Multisensory Landscapes. Theories, Research fields, Methods – an Introduction* (171–185). Springer Fachmedien.

Evans, A. (2001). *This virtual life. Escapism and simulation in our media world*. Fusion Press.
Fehn, K. (2002). Ideologie und Kulturlandschaft. „Artgemäße deutsche Kulturlandschaft" - das nationalsozia-listische Projekt einer Neugestaltung Ostmitteleuropas. *Siedlungsforschung 20* (1), 103–209.
Fichte, J. G. (1997 [1794]). *Grundlage der gesamten Wissenschaftslehre* (Philosophische Bibliothek). Felix Meiner.
Fleck, L. (1980 [1935]). *Entstehung und Entwicklung einer wissenschaftlichen Tatsache. Einführung in die Lehre vom Denkstil und Denkkollektiv* (Wissenschaftsforschung). Suhrkamp (Mit einer Einleitung herausgegebn von Lothar Schäfer und Thomas Schnelle).
Fontaine, D. (2017). *Simulierte Landschaften in der Postmoderne. Reflexionen und Befunde zu Disneyland, Wolfersheim und GTA V*. Springer VS.
Fontaine, D. (2020). Virtuality and Landscape. In D. Edler, C. Jenal, & O. Kühne (Hrsg.), *Modern approaches to the visualization of landscapes* (S. 267–278). Wiesbaden: Springer VS.
Foucault, M. (2012 [1985]). *Discipline and punish: The birth of the prison*. Knopf Doubleday Publishing Group.
Frank, H. (2001). Landschaft (Einleitung bis Kapitel III). In K. Barck, M. Fontius, D. Schlenstedt, B. Steinwachs & F. Wolfzettel (Hrsg.), *Ästhetische Grundbegriffe. Historisches Wörterbuch in sieben Bänden. Band 3: Harmonie-Material* (S. 617–646). Metzler.
Franz, H. (Hrsg.). (1992). *Die Störung der ökologischen Ordnung in den Kulturlandschaften* (Veröffentlichungen der Kommission für Humanökologie/Österreichische Akademie der Wissenschaften, Bd. 3). Verlag der Österreichischen Akademie der Wissenschaften.
Freud, S. (1955 [1917]). *Sigmund Freud: Gesammelte Werke. Chronologisch geordnet* (11. Aufl., 7 Bände). Imago Publishing Co., Ltd. (Siebter Band: Werke aus den Jahren 1906–1909).
Funtowicz, S. O., & Ravetz, J. R. (1990). *Uncertainty and quality in science for policy*. Dordrecht.
Gabriel, G. (1993). *Grundprobleme der Erkenntnistheorie. Von Descartes zu Wittgenstein* (3. durchgeseheneAufl.). Schöningh.
Gailing, L., & Leibenath, M. (2012). Von der Schwierigkeit, „Landschaft" oder „Kulturlandschaft" allgemeingültig zu definieren. *Raumforschung und Raumordnung – Spatial Research and Planning 70* (2), 95–106. https://doi.org/10.1007/s13147-011-0129-8.
Gailing, L., & Leibenath, M. (2015). The social construction of landscapes: Two theoretical lenses and their empirical applications. *Landscape Research, 40*(2), 123–138. https://doi.org/10.1080/01426397.2013.775233.
Gebhard, U. (Kulturelle Bildung online, Hrsg.). (2020). Naturerfahrung und Kulturelle Bildung. www.kubi-online.de/artikel/naturerfahrung-kulturelle-bildung. Zugegriffen: 1. Aug. 2023.
Gebhard, U., & Kistemann, T. (2016). Therapeutische Landschaften: Gesundheit, Nachhaltigkeit, „gutes Leben". In U. Gebhard & T. Kistemann (Hrsg.), *Landschaft, Identität und Gesundheit. Zum Konzept der Therapeutischen Landschaften* (S. 1–17). Springer VS.
Gebser, J. (1966). *Ursprung und Gegenwart, Fundamente und Manifestationen der aperspektivischen Welt*. Deutsche Verlags-Anstalt DVA.
Gethmann, C. F. (Hrsg.). (1991). *Lebenswelt und Wissenschaft. Studien zum Verhältnis von Phänomenologie und Wissenschaftstheorie* (Neuzeit und Gegenwart, Bd. 1). Bouvier.
Gethmann, C. F. (Europäische Akademie zur Erforschung von Folgen wissenschaftlich-technischer Entwicklungen, Hrsg.). (2009). Untersteht alle Forschung dem Prinzip des Fallibilismus, nur die Klimaforschung nicht? Akademie-Brief: 87. https://www.ea-aw.de/fileadmin/downloads/Newsletter/NL_0087_022009.pdf. Zugegriffen: 29. Okt. 2019.
Gethmann, C. F., Bottek, J. C., & Hiekel, S. (Hrsg.). (2011). *Lebenswelt und Wissenschaft. XXI. Deutscher Kongreß für Philosophie 15. – 19. September 2008 an der Universität Duisburg – Essen*. Felix Meiner Verlag (Kolloquienbeiträge).
Gethmann-Siefert, A. (1995). *Einführung in die Ästhetik* (UTB, Bd. 1875). Fink.

Gibbons, M., Limoges, C., Nowotny, H., Schwartzmann, S., Scott, P., & Trow, M. (1994). *The new production of knowledge. The dynamics of science and research in contemporary societies.* SAGE Publications.

Glasze, G., Bittner, C., Michel, B. & Strüver, A. (2021). Ein diskurstheoretisch informierter Blick auf Karten und Kartographie. In G. Glasze & A. Mattissek (Hrsg.), *Handbuch Diskurs und Raum. Theorien und Methoden für die Humangeographie sowie die sozial- und kulturwissenschaftliche Raumforschung* (S. 405–416). Bielefeld: Transcript.

Goethe, J. W. v. (1949). *Maximen und Reflexionen. Neu geordnet, eingeleitet und erläutert von Günther Müller.* Alfred Kröner.

Grau, A. (2017). *Hypermoral. Die neue Lust an der Empörung* (2. Aufl.). Claudius.

Greider, T., & Garkovich, L. (1994). Landscapes: The social construction of nature and the environment. *Rural Sociology, 59*(1), 1–24. https://doi.org/10.1111/j.1549-0831.1994.tb00519.x.

Groh, D., & Groh, R. (1989). Von den schrecklichen zu den erhabenen Bergen. Zur Entstehung ästhetischer Naturerfahrung. In H.-D. Weber & U. Gaier (Hrsg.), *Vom Wandel des neuzeitlichen Naturbegriffs* (Konstanzer Bibliothek, Bd. 13, S. 53–96). Universitäts-Verlag.

Gruenter, R. (1975). Landschaft. Bemerkungen zu Wort und Bedeutungsgeschichte. In A. Ritter (Hrsg.), *Landschaft und Raum in der Erzählkunst* (Wege der Forschung, Bd. 418, S. 192–207). WBG.

Gunzelmann, T. (1987). *Die Erhaltung der historischen Kulturlandschaft. Angewandte Historische Geographie des ländlichen Raumes mit Beispielen aus Franken.* Dissertation, Universität Bamberg.

Haber, W. (2006). Kulturlandschaften und die Paradigmen des Naturschutzes. *Stadt+Grün 55* (12), 20–25.

Habermas, J. (1992). *Faktizität und Geltung. Beiträge zur Diskurstheorie des Rechts und des demokratischen Rechtsstaats.* Suhrkamp.

Hage, G., & Bäumer, C. (2019). Landschaftsplanung. In O. Kühne, F. Weber, K. Berr, & C. Jenal (Hrsg.), *Handbuch Landschaft* (S. 245–264). Springer VS.

Hahn, A. (Hrsg.). (2012). *Erlebnislandschaft – Erlebnis Landschaft? Atmosphären im architektonischen Entwurf* (Architekturen, Bd. 13). Transcript.

Hahn, A. (2017). *Architektur und Lebenspraxis. Für eine phänomenologisch-hermeneutische Architekturtheorie* (Architekturen, Bd. 40). Transcript.

Hard, G. (1969). Das Wort Landschaft und sein semantischer Hof. Zu Methode und Ergebnis eines linguistischen Tests. *Wirkendes Wort, 19*, 3–14.

Hard, G. (1970a). „Was ist eine Landschaft?". Über Etymologie als Denkform in der geographischen Literatur. In D. Bartels (Hrsg.), *Wirtschafts- und Sozialgeographie* (Neue wissenschaftliche Bibliothek, Bd. 35, S. 66–84). Kiepenheuer & Witsch.

Hard, G. (1970b). *Die „Landschaft" der Sprache und die „Landschaft" der Geographen. Semantische und forschungslogische Studien.* Ferdinand Dümmlers Verlag.

Hard, G. (1973). *Die Geographie. Eine wissenschaftstheoretische Einführung* (Sammlung Göschen). De Gruyter.

Hard, G. (1991). Landschaft als professionelles Idol. *Garten + Landschaft 3/1991*, 13–18.

Hard, G. (2002a). Arkadien in Deutschland. Bemerkungen zu einem landschaftlichen Reiz. In G. Hard (Hrsg.), *Landschaft und Raum. Aufsätze zur Theorie der Geographie* (Osnabrücker Studien zur Geographie, Bd. 22, S. 11–34). Universitätsverlag Rasch.

Hard, G. (2002b). Über Räume reden. Zum Gebrauch des Wortes „Raum" in sozialwissenschaftlichem Zusammenhang. In G. Hard (Hrsg.), *Landschaft und Raum. Aufsätze zur Theorie der Geographie* (Osnabrücker Studien zur Geographie, Bd. 22, S. 235–252). Universitätsverlag Rasch.

Hartung, G. (2018). *Philosophische Anthropologie.* Reclam.

Hasse, J. (1993). *Heimat und Landschaft. Über Gartenzwerge, Center Parcs und andere Ästhetisierungen.* Passagen-Verlag.

Hasse, J. (2013). Landschaft – zur Konstruktion und Konstitution von Erlebnisräumen. In Stiftung Natur und Umwelt Rheinland-Pfalz (Hrsg.)Landschaftsperspektiven. *Denkanstöße.* (10), 22–34 [Themenheft].

Hegel, G. W. F. (2003 [1823]). *Vorlesungen über die Philosophie der Kunst. Berlin 1823.* Meiner.

Hegel, G. W. F. (2004 [1826]). *Philosophie der Kunst oder Ästhetik. Berlin 1826. Nachgeschrieben von Friedrich Carl Hermann Victor von Kehler. Hrsg. von A. Gethmann-Siefert und B. Collenberg-Plotnikov unter Mitarbeit von F. Iannelli und K. Berr.* München.

Heidbrink, L. (2000). Das Halbe ist das Wahre. Odo Marquards Theorie der Kompensation lässt sich als zeitgenössische Kulturkritik verstehen. *Die Zeit 55* (33). www.zeit.de/2000/33/Das_Halbe_ ist_das_Wahre. Zugegriffen: 8. März 2018.

Heiland, S. (2019). Kulturlandschaft. In O. Kühne, F. Weber, K. Berr, & C. Jenal (Hrsg.), *Handbuch Landschaft* (S. 651–665). Springer VS.

Henning, B., & Vorderer, P. (2001). Psychological Escapism: Predicting the Amount of Television Viewing by Need for Cognition. *Journal of Communication 51* (1), 100–120. www.researchgate. net/publication/227527429_Psychological_Escapism_Predicting_the_Amount_of_Television_ Viewing_by_Need_for_Cognition.

Hilbig, H. (2023). Landschaft aus Akteur-Netzwerk-theoretischer Perspektive. In O. Kühne, F. Weber, K. Berr, & C. Jenal (Hrsg.), *Handbuch Landschaft* (2. Aufl., in diesem Handbuch). Springer VS.

Hirschberger, J. (2007). *Geschichte der Philosophie.* Komet.

Hoeft, C., Messinger-Zimmer, S., & Zilles, J. (Hrsg.). (2017). *Bürgerproteste in Zeiten der Energiewende. Lokale Konflikte um Windkraft, Stromtrassen und Fracking.* Transcript.

Hoeres, W. (2004). *Der Weg der Anschauung. Landschaft zwischen Ästhetik und Metaphysik* (Die Graue Reihe, Bd. 40). Die Graue Edition.

Höfer, W. & Vicenzotti, V. (2013). From Brownfields to Postindustrial Landscapes. Evolving Concepts in North America and Europe. In P. Howard, I. Thompson, & E. Waterton (Hrsg.), (S. 405–416). Routledge.

Höffe, O. (1981). *Sittlich-politische Diskurse. Philosophische Grundlagen. Politische Ethik. Biomedizinische Ethik* (Suhrkamp-Taschenbuch Wissenschaft, Bd. 380). Suhrkamp.

Hofmeister, S., & Kühne, O. (Hrsg.). (2016). *StadtLandschaften. Die neue Hybridität von Stadt und Land.* Springer VS.

Hofmeister, S., & Mölders, T. (2023). StadtLandschaft. In O. Kühne, F. Weber, K. Berr, & C. Jenal (Hrsg.), *Handbuch Landschaft* (2. Aufl., in diesem Handbuch). Springer VS.

Hokema, D. (2009). Die Landschaft der Regionalentwicklung: Wie flexibel ist der Landschaftsbegriff? *Raumforschung und Raumordnung – Spatial Research and Planning 67* (3), 239–249.

Hokema, D. (2013). *Landschaft im Wandel? Zeitgenössische Landschaftsbegriffe in Wissenschaft, Planung und Alltag.* Springer VS.

Hoppe-Sailer, R. (2007). Simmels Begriff der Landschaft als Bildbegriff. In W. Busch & O. Jehle (Hrsg.), *Vermessen. Landschaft und Ungegenständlichkeit* (S. 131–142). Zürich, Diaphanes.

Horkheimer, M. (1977 [1937]). *Traditionelle und kritische Theorie. Fünf Aufsätze.* Fischer Wissenschaft.

Horkheimer, M., & Adorno, T. W. (1969). *Dialektik der Aufklärung. Philosophische Fragmente.* Fischer Taschenbuch.

Howard, P., Thompson, I., & Waterton, E. (Hrsg.). (2013). *The Routledge companion to landscape studies.* Routledge.

Hubig, C. (2006). *Die Kunst des Möglichen I. Technikphilosophie als Reflexion der Medialität.* Transcript.

Hubig, C. (2011). „Natur" und „Kultur". Von Inbegriffen zu Reflexionsbegriffen. *Zeitschrift für Kulturphilosophie 5* (1), 97–119.

Hubig, C., & Luckner, A. (2006). Zwischen Naturalismus und Technomorphismus. Möglichkeiten und (pragmatische) Grenzen der Reflexion. *Dialektik. Zeitschrift für Kulturphilosophie, 2*, 283–293.

Hülz, M., Kühne, O., & Weber, F. (Hrsg.). (2019). *Heimat. Ein vielfältiges Konstrukt*. Springer VS.

Humboldt, A. von. (1847). *Kosmos. Entwurf einer physischen Weltbeschreibung* (Bd. 2). J. G. Cotta'scher.

Husserl, E. (1913). *Ideen zu einer reinen Phänomenologie und phänomenologischen Philosopie. Erster Buch: Allgemeine Einführung in die reine Phänomenologie*. Halle (Saale): Niemeyer.

Husserl, E. (1954). *Die Krisis der europäischen Wissenschaften und die transzendentale Phänomenologie. Eine Einleitung in die phänomenologische Philosophie* (Husserliana, Bd. 6). Martinus Nijhoff (Herausgegeben von Walter Biemel).

Husserl, E. (2008). *Die Lebenswelt. Auslegungen der vorgegebenen Welt und ihrer Konstitution*. Springer (Texte aus dem Nachlass (1916–1937)).

Illing, F. (2006). *Kitsch, Kommerz und Kult. Soziologie des schlechten Geschmacks*. UVK Verlagsgesellschaft.

Jackson, J. B. (2005). Die Zukunft des Vernakulären [1990]. In B. Franzen & S. Krebs (Hrsg.), *Landschaftstheorie. Texte der Cultural Landscape Studies* (Kunstwissenschaftliche Bibliothek, Bd. 26, S. 45–56). König.

Jaeggi, R. (2009). Was ist Ideologiekritik? In R. Jaeggi & T. Wesche (Hrsg.), *Was ist Kritik? (Suhrkamp-Taschenbuch Wissenschaft* (S. 266–298). Suhrkamp.

Janich, P. (2001). *Logisch-pragmatische Propädeutik. Ein Grundkurs im philosophischen Reflektieren*. Velbrück.

Janich, P. (2011). Handwerk und Mundwerk. Lebenswelt als Ursprung wissenschaftlicher Rationalität. In C. F. Gethmann, J. C. Bottek & S. Hiekel (Hrsg.), *Lebenswelt und Wissenschaft. XXI. Deutscher Kongreß für Philosophie 15. – 19. September 2008 an der Universität Duisburg – Essen. Kolloquienbeiträge* (S. 678–691). Felix Meiner.

Janich, P. (2014). *Sprache und Methode. Eine Einführung in philosophische Reflexion*. Francke.

Jankowski, A., Lettner, R., & Schmidt, B. (2010). *Philosophie der Landschaft. Zwischen Denken und Bild*. Jovis.

Janowicz, C. (2008). Der Schlund der Stadt: Zum Verhältnis von urbanen Räumen, Natur und Versorgung. In K.-S. Rehberg (Hrsg.), *Die Natur der Gesellschaft. Verhandlungen des 33. Kongresses der Deutschen Gesellschaft für Soziologie in Kassel 2006. Teilband 1 und 2* (S. 2986–3000). Campus.

Jauß, H. R. (1982). *Ästhetische Erfahrung und literarische Hermeneutik*. Suhrkamp.

Jenal, C. (2019). (Alt)Industrielandschaften. In O. Kühne, F. Weber, K. Berr, & C. Jenal (Hrsg.), *Handbuch Landschaft* (S. 831–841). Springer VS.

Jonas, H. (1979). *Das Prinzip Verantwortung. Versuch einer Ethik für die technologische Zivilisation*. Suhrkamp.

Kamlage, J.-H., Drewing, E., Reinermann, J. L., de Vries, N., & Flores, M. (2020a). Fighting fruitfully? Participation and conflict in the context of electricity grid extension in Germany. *Utilities Policy, 64*, 101022. https://doi.org/10.1016/j.jup.2020.101022.

Kamlage, J.-H., Warode, J., Reinermann, J., de Vries, N., & Trost, E. (2020b). Von Konflikt und Dialog: Manifestationen der Energiewende in den Transformationsfeldern Netzausbau, Biogas und Windkraft. In R. Duttmann, O. Kühne, & F. Weber (Hrsg.), *Landschaft als Prozess* (S. 603–633). Springer VS.

Kamlah, W. (1973). *Philosophische Anthropologie. Sprachkritische Grundlegung und Ethik* (BI-Hochschultaschenbücher, Bd. 238). Bibliographisches Institut.

Kampits, P. (2007). Marquard. In J. Nida-Rümelin & E. Özmen (Hrsg.), *Philosophie der Gegenwart. In Einzeldarstellungen Von Adorno bis von Wright* (3. neubearbeitete und aktualisierte Auflage, S. 434–437). Alfred Kröner Verlag.

Kant, I. (1959 [1781]). *Kritik der reinen Vernunft*. Felix Meiner.

Kant, I. (1959 [1790]). *Kritik der Urteilskraft* (Philosophische Bibliothek, Unveränd. Neudr. der Ausg. von 1924). Meiner.

Kant, I. (1968). *Kants Werke. Akademische Textausgabe. Logik, Physische Geographie, Pädagogik* (IX). Walter de Gruyter.

Kant, I. (1990). *Erste Einleitung in die Kritik der Urteilskraft* (4. Aufl.). Meiner (Nach der Handschrift herausgegeben von Gerhard Lehmann).

Kant, I. (1993 [1790]). *Kritik der Urteilskraft* (Die drei Kritiken: Jubiläumsausgabe anläßlich des 125-jährigen Bestehens der Philosophischen Bibliothek, Bd. 3). Meiner.

Kaußen, L. (2021). *Die Wahrnehmung von Landschaft in sozialen Medien. Eine Analyse von nutzergenerierten Inhalten*. Springer Fachmedien.

Kazig, R. (2007). Atmosphären – Konzept für einen nicht repräsentationellen Zugang zum Raum. In C. Berndt & R. Pütz (Hrsg.), *Kulturelle Geographien. Zur Beschäftigung mit Raum und Ort nach dem Cultural Turn* (S. 167–187). Transcript.

Kazig, R. (2013). Landschaft mit allen Sinnen – Zum Wert des Atmosphärenbegriffs für die Landschaftsforschung. In D. Bruns & O. Kühne (Hrsg.), *Landschaften: Theorie, Praxis und internationale Bezüge. Impulse zum Landschaftsbegriff mit seinen ästhetischen, ökonomischen, sozialen und philosophischen Bezügen mit dem Ziel, die Verbindung von Theorie und Planungspraxis zu stärken* (S. 221–232). Oceano.

Kazig, R. (2023). Atmosphären und Landschaft. In O. Kühne, F. Weber, K. Berr, & C. Jenal (Hrsg.), *Handbuch Landschaft* (2. Aufl., in diesem Handbuch). Springer VS.

Keil, A. (2005). Use and Perception of Post-Industrial Urban Landscapes in the Ruhr. In I. Kowarik & S. Körner (Hrsg.), *Wild Urban Woodlands. New Perspectives for Urban Forestry* (S. 117–130). Springer.

Kirchhoff, T. (2011). Natur' als kulturelles Konzept. *Zeitschrift für Kulturphilosophie, 5*(1), 69–96.

Kluxen, W. (1997). Landschaftsgestlatung als Dialog mit der Natur. In W. Korff & P. Mikat (Hrsg.), *Wolfgang Kuxen. Moral – Vernunft – Natur. Beiträge zur Ethik* (S. 240–251). Ferdinand Schöningh.

Kneer, G. (2009). Akteur-Netzwerk-Theorie. In G. Kneer & M. Schroer (Hrsg.), *Handbuch Soziologische Theorien* (S. 19–39). VS Verlag.

Knorr, K. (1980). Die Fabrikation von Wissen. Versuch zu einem gesellschaftlich relativierten Wissensbegriff. In N. Stehr & V. Meja (Hrsg.)Wissenssoziologie. *Kölner Zeitschrift für Soziologie und Sozialpsychologie*. (22), 226–245 [Themenheft]. Westdeutscher Verlag.

Knorr-Cetina, K. (2002a). *Die Fabrikation von Erkenntnis. Zur Anthropologie von Wissenschaft*. Suhrkamp.

Knorr-Cetina, K. (2002b). *Wissenskulturen. Ein Vergleich naturwissenschaftlicher Wissensformen* (Suhrkamp-Taschenbuch Wissenschaft, Bd. 1594, Dt. Erstausg., 1. Aufl). Suhrkamp.

Koegst, L. (2021). Heimat und Ästhetik – Deutungsmuster erkennen. Die sozialkonstruktivistische Perspektive auf Stuttgart 21. *Stadt+Grün* (6), 32–37.

Koegst, L. (2022a). Potentials of Digitally Guided Excursions at Universities Illustrated Using the Example of an Urban Geography Excursion in Stuttgart. *KN – Journal of Cartography and Geographic Information 72* (1), 59–71. https://doi.org/10.1007/s42489-022-00097-4.

Koegst, L. (2022b). Über drei Welten, Räume und Landschaften. Digital geführte Exkursionen an Hochschulen aus der Perspektive der drei Welten Theorie im Allgemeinen und der Theorie der drei Landschaften im Speziellen. *Berichte Geographie und Landeskunde 69* (3), 1–21. https://doi.org/10.25162/bgl-2022-0012.

Konold, W. (1996). Von der Dynamik einer Kulturlandschaft. Das Allgäu als Beispiel. In W. Konold (Hrsg.), *Naturlandschaft – Kulturlandschaft. Die Veränderung der Landschaften nach der Nutzbarmachung durch den Menschen* (S. 121–228). Ecomed-Verlag.

Korf, B. (2019). Schwierigkeiten mit der kritischen Geographie. *Geographica Helvetica, 74*(2), 193–204. https://doi.org/10.5194/gh-74-193-2019.

Korf, B. (2021). German Theory': On Cosmopolitan geographies, counterfactual intellectual histories and the (non)travel of a 'German Foucault. *Environment and Planning D: Society and Space, 39*(5), 026377582198969. https://doi.org/10.1177/0263775821989697.

Korf, B. (2022). *Schwierigkeiten mit der kritischen Geographie. Studien zu einer reflexiven Theorie der Gesellschaft* (Sozial- und Kulturgeographie, Band 57). Transcript.

Korf, B., Rothfuß, E., & Sahr, W.-D. (2022). Tauchgänge zur German Theory. *Geographica Helvetica 77* (1), 85–96. https://gh.copernicus.org/articles/77/85/2022/.

Körner, S. (2006). Eine neue Landschaftstheorie? Eine Kritik am Begriff „Landschaft Drei". *Stadt+Grün 10/2006,* 18–25.

Körner, S. (2007). Die architektonische Tradition des Naturschutzes. In U. Eisel & S. Körner (Hrsg.), *Landschaft in einer Kultur der Nachhaltigkeit. Band 2. Landschaftsgestaltung im Spannungsfeld zwischen Ästhetik und Nutzen* (Arbeitsberichte des Fachbereichs Architektur, Stadtplanung, Landschaftsplanung, Bd. 166, S. 7–22). Kassel: Kassel University Press.

Körner, S. (2010). *Amerikanische Landschaften. J. B. Jackson in der deutschen Rezeption.* Steiner.

Körner, S., & Eisel, U. (2003). Naturschutz als kulturelle Aufgabe – theoretische Rekonstruktrion und Anregungen für eine inhaltliche Erweiterung. In S. Körner, A. Nagel, & U. Eisel (Hrsg.), *Naturschutzbegründungen* (S. 5–49). Selbstverlag.

Körner, S., Eisel, U., & Nagel, A. (2003). Heimat als Thema des Naturschutzes. Anregungen für eine sozio-kulturelle Erweiterung. *Natur und Landschaft 78* (9/10), 382–389.

Krämer, S. (2012). Karten erzeugen doch Welten, oder? *Soziale Systeme – Zeitschrift für soziologische Theorie 18* (1–2), 153–167. doi:https://doi.org/10.1515/sosys-2012-1-209.

Krebs, A. (Hrsg.). (1997). *Naturethik.* Frankfurt a. M.: Suhrkamp.

Krebs, A. (2015). 'Ein Sommer, der bleibt'. Landschaft, Schönheit und Heimat. In M. Schloßberger (Hrsg.)Die Natur und das gute Leben. *BfN-Skripten.* (403), 50–57 [Themenheft].

Kuhn, T. S. (1970). *The structure of scientific revolutions* (2. Aufl., 2 Bände). The University of Chicago Press. (Originalarbeit erschienen 1962).

Kühne, O. (2006). Soziale Distinktion und Landschaft. Eine landschaftssoziologische Betrachtung. *Stadt+Grün* (12), 42–45.

Kühne, O. (2007a). *Das Ende der europäischen Stadt? Von der Suburbanisierung zur Stadtlandschaft.* Hagen: Fernuniversität.

Kühne, O. (2007b). Soziale Akzeptanz und Perspektiven der Altindustrielandschaft. Ergebnisse einer empirischen Untersuchung im Saarland. *RaumPlanung* (132/133), 156–160.

Kühne, O. (2008). *Distinktion – Macht – Landschaft. Zur sozialen Definition von Landschaft.* VS Verlag für Sozialwissenschaften.

Kühne, O. (2013). *Landschaftstheorie und Landschaftspraxis. Eine Einführung aus sozialkonstruktivistischer Perspektive.* Springer VS.

Kühne, O. (2015). Komplexe Kräfteverhältnisse. Macht, Angst und Unsicherheit in postmodernen Landschaften – von ‚historischen Kulturlandschaften' zu gated communities. In S. Kost & A. Schönwald (Hrsg.), *Landschaftswandel – Wandel von Machtstrukturen* (S. 27–36). Springer VS.

Kühne, O. (2017). *Zur Aktualität von Ralf Dahrendorf. Einführung in sein Werk* (Aktuelle und klassische Sozial- und Kulturwissenschaftlerlinnen). Springer VS.

Kühne, O. (2018a). *Landscape and Power in Geographical Space as a Social-Aesthetic Construct.* Springer International Publishing.

Kühne, O. (2018b). Die Landschaften 1, 2 und 3 und ihr Wandel. Perspektiven für die Landschaftsforschung in der Geographie – 50 Jahre nach Kiel. *Berichte. Geographie und Landeskunde 92* (3–4), 217 – 231.

Kühne, O. (2018c). Reboot „Regionale Geographie" – Ansätze einer neopragmatischen Rekonfiguration „horizontaler Geographien". *Berichte. Geographie und Landeskunde, 92*(2), 101–121.

Kühne, O. (2019a). *Landscape theories. A brief introduction.* Springer VS.

Kühne, O. (2019b). Sich abzeichnende theoretische Perspektiven für die Landschaftsforschung: Neopragmatismus, Akteur-Netzwerk-Theorie und Assemblage-Theorie. In O. Kühne, F. Weber, K. Berr, & C. Jenal (Hrsg.), *Handbuch Landschaft* (S. 153–162). Springer VS.

Kühne, O. (2019c). Sozialkonstruktivistische Landschaftstheorie. In O. Kühne, F. Weber, K. Berr, & C. Jenal (Hrsg.), *Handbuch Landschaft* (S. 69–79). Springer VS.

Kühne, O. (2019d). Vom ‚Bösen' und ‚Guten' in der Landschaft – Das Problem moralischer Kommunikation im Umgang mit Landschaft und ihren Konflikten. In K. Berr & C. Jenal (Hrsg.), *Landschaftskonflikte* (S. 131–142). Springer VS.

Kühne, O. (2020a). Landscape Conflicts. A Theoretical Approach Based on the Three Worlds Theory of Karl Popper and the Conflict Theory of Ralf Dahrendorf, Illustrated by the Example of the Energy System Transformation in Germany. *Sustainability: Science, Practice and Policy 12* (17), 1–20. doi:https://doi.org/10.3390/su12176772.

Kühne, O. (2020b). The social construction of space and landscape in internet videos. In D. Edler, C. Jenal, & O. Kühne (Hrsg.), *Modern Approaches to the Visualization of Landscapes* (S. 121–137). Springer VS.

Kühne, O. (2021a). Landscape conflicts around the energy transition in Germany in the light of confict theory and popper's three worlds theory. In B. Castiglioni, M. Puttilli & M. Tanca (Hrsg.), *Oltre la convenzione. Pensare, studiare, costruire il paesaggio vent'anni dopo* (S. 1222–1232). Società di Studi Geografici.

Kühne, O. (2021b). *Landschaftstheorie und Landschaftspraxis. Eine Einführung aus sozialkonstruktivistischer Perspektive* (3., aktualisierte und überarbeitete Aufl.). Springer VS.

Kühne, O. (2021c). Potentials of the three spaces theory for understandings of cartography, virtual realities, and augmented spaces. *KN - Journal of Cartography and Geographic Information) 71* (4), 297–305. https://doi.org/10.1007/s42489-021-00089-w.

Kühne, O. (2023a). Florentinische Landschaften – Eine Aktualisierung nach Georg Simmel zu ‚touristscape' und ‚trafficscape'. In O. Kühne, T. Freytag, T. Sedelmeier, & C. Jenal (Hrsg.), *Landschaft und Tourismus (RaumFragen* (S. 579–595). Springer.

Kühne, O. (2023b). Foodscapes – A Neopragmatic Redescription. *Berichte. Geographie und Landeskunde, 96*(1), 5–25. https://doi.org/10.25162/bgl-2022-0016.

Kühne, O., & Berr, K. (2021). *Wissenschaft, Raum, Gesellschaft. Eine Einführung zur sozialen Erzeugung von Wissen.* Springer VS.

Kühne, O., & Berr, K. (2022). *Science, Space, Society. An overview of the social production of knowledge.* Springer.

Kühne, O., & Berr, K. (2023). Romantik und Landschaft. In O. Kühne, F. Weber, K. Ber,r & C. Jenal (Hrsg.), *Handbuch Landschaft* (2. Aufl., in diesem Handbuch). Springer VS.

Kühne, O., Berr, K. & Koegst, L. (2023). Contingency and Landscape. Basic Considerations on Graphic and Cartographic Representations in Recourse to the Concept of Inverse Landscapes as a Contribution to Deviant Cartographies with Examples on Louisiana. *KN – Journal of Cartography and Geographic Information,* im Erscheinen.

Kühne, O., & Duttmann, R. (2019). Recent Challenges of the Ecosystems Services Approach from an Interdisciplinary Point of View. *Raumforschung und Raumordnung – Spatial Research and Planning online first.*https://doi.org/10.2478/rara-2019-0055.

Kühne, O., & Edler, D. (2022). Georg Simmel Goes virtual. From 'Philosophy of Landscape' to the possibilities of virtual reality in landscape research. *Societies 12* (5), 122. www.mdpi.com/2075-4698/12/5/122.

Kühne, O., & Koegst, L. (2023). Neopragmatic reflections on Coastal Land Loss and Climate Change in Louisiana in Light of Popper's Theory of Three Worlds. *Land, 12*(2), 1–17. https://doi.org/10.3390/land12020348.

Kühne, O., & Leonardi, L. (2020). *Ralf Dahrendorf. Between social theory and political practice.* Palgrave Macmillan.

Kühne, O., Leonardi, L., & Berr, K. (2023b). The open society and its life chances – from Karl Popper via Ralf Dahrendorf to a human geography of options and ligatures. *Geographica Helvetica, 78*(3), 341–354. https://doi.org/10.5194/gh-78-341-2023.

Kühne, O., Parush, D., Shmueli, D., & Jenal, C. (2022). Conflicted Energy Transition—Conception of a Theoretical Framework for Its Investigation. *Land, 11*(1), 116. https://doi.org/10.3390/land11010116

Kühne, O., & Weber, F. (2019). *Hybrid California. Annäherungen an den Golden State, seine Entwicklungen, Ästhetisierungen und Inszenierungen.* Springer VS.

Kühne, O., & Weber, F. (2022). *Germany. Geographies of complexity* (World Regional Geography Book Series). Springer International Publishing.

Kühne, O., Weber, F., Berr, K., & Jenal, C. (Hrsg.). (2019). *Handbuch Landschaft.* Springer VS.

Kühne, O., Weber, F. & Rossmeier, A. (2023). Postmoderne Zugriffe und Differenzierungen von Stadt und Land(schaft): Stadtlandhybride, räumliche Pastiches und URFSURBS. In O. Kühne, F. Weber, K. Berr & C. Jenal (Hrsg.), *Handbuch Landschaft* (2. Aufl., in diesem Handbuch). Springer VS.

Kulenkampff, J. (2002). Metaphysik und Ästhetik: Kant zum Beispiel. In A. Kern & R. Sonneregger (Hrsg.), *Falsche Gegensätze. Zeitgenössische Positionen zur philosophischen Ästhetik* (S. 49–80). Suhrkamp.

Küster, H. (2005). *Das ist Ökologie. Die biologischen Grundlagen unserer Existenz.* Beck.

Küster, H. (Hrsg.). (2008). *Kulturlandschaften. Analyse und Planung* (Stadt und Region als Handlungsfeld, Bd. 5). Lang.

Küster, H. (2012). *Die Entdeckung der Landschaft. Einführung in eine neue Wissenschaft.* C.H. Beck.

Küster, H. (2013 [1995]). *Geschichte der Landschaft in Mitteleuropa. Von der Eiszeit bis zur Gegenwart.* Beck.

Lakatos, I. (1974). Falsifikation und die Methodologie wissenschaftlicher Forschungsprogramme. In I. Lakatos & A. Musgrave (Hrsg.), *Kritik und Erkenntnisfortschritt (Abhandlungen des Internationalen Kolloquiums über die Philosophie der Wissenschaft* (Bd. 4, S. 89–189). Vieweg.

Lange, E. (2001). The limits of realism: Perceptions of virtual landscapes. *Landscape and Urban Planning, 54*(1–4), 163–182. https://doi.org/10.1016/S0169-2046(01)00134-7.

Latour, B. (1993). *We have never been modern.* Harvester Wheatsheaf.

Latour, B. (1998). *Wir sind nie modern gewesen. Versuch einer symmetrischen Anthropologie.* Suhrkamp.

Latour, B. (2002 [1999]). *Die Hoffnung der Pandora. Untersuchungen zur Wirklichkeit der Wissenschaft.* Suhrkamp.

Latour, B., & Woolgar, S. (2013 [1979]). *Laboratory life: The construction of scientific facts.* Princeton University Press.

Laudan, L. (1977). *Progress and its problems. Towards a theory of scientific growth.* University of California Press.

Lautmann, R. (2019). Simmels Spuren in der Soziologie eines Jahrhunderts. *Komplexe Dynamiken globaler und lokaler Entwicklungen. Verhandlungen des 39. Kongresses der Deutschen Gesellschaft für Soziologie in Göttingen 2018. 39,* 1–9. https://publikationen.soziologie.de/index.php/kongressband_2018/article/view/1087.

Lehmann, H. (1968). *Formen landschaftlicher Raumerfahrung im Spiegel der bildenden Kunst* (Erlanger Geographische Arbeiten, Bd. 22). Selbstverlag der Fränkischen Geographischen Gesellschaft.

Lehmann, H. (1973). Die Physiognomie der Landschaft (1950). In K. Paffen (Hrsg.), *Das Wesen der Landschaft* (Wege der Forschung, Bd. 39, S. 39–71). WBG.

Leibenath, M., & Otto, A. (2014). Competing Wind Energy Discourses, Contested Landscapes. *Landscape. Online, 8*(38), 1–18. https://doi.org/10.3097/LO.201438

Leonardi, L. (2014). *Introduzione a Dahrendorf* (Maestri del Novecento, Bd. 20). Roma: Editori Laterza.

Leser, H. (1991). *Landschaftsökologie. Ansatz, Modelle, Methodik, Anwendung*(UTB, Bd. 521, 3., völlig neubearbeitete Auflage). Ulmer.

Leser, H. (2019). Landschaftsökologie. In O. Kühne, F. Weber, K. Berr, & C. Jenal (Hrsg.), *Handbuch Landschaft* (S. 181–191). Springer VS.

Leser, H. (2023). Landschaft und Stadtökologie. In O. Kühne, F. Weber, K. Berr, & C. Jenal (Hrsg.), *Handbuch Landschaft* (2. Aufl., in diesem Handbuch). Springer VS.

Lisdat, C. (2022). *Assemblage-Forschung zur Geographie der deutschen Fischereipolitik.* Universität Greifswald.

Locke, J. (2000). *Versuch über den menschlichen Verstand. Band I. Band I: Buch I und II.* Felix Meiner Verlag.

Lohmann, P. (2015). Fichte und Schinkel – Zum Verhältnis von Vernunft, Architektur und Natur. In H. Girndt (Hrsg.), *»Natur« in der Transzendentalphilosophie. Eine Tagung zum Gedenken an Reinhard Lauth.* in Schloß Rammenau am 14.–16. Mai 2009 im Auftrag der Internationalen Johann-Gottlieb-Fichte-Gesellschaft (Begriff und Konkretion, Bd. 2, S. 301–318). Duncker & Humblot.

Lohmann, P. (2018). Natur in Architektur und Philosophie. In K. Berr (Hrsg.), *Transdisziplinäre Landschaftsforschung. Grundlagen und Perspektiven* (S. 79–96). Springer VS.

Luhmann, N. (1990). *Die Wissenschaft der Gesellschaft.* Suhrkamp.

Luhmann, N. (1993). Die Moral des Risikos und das Risiko der Moral. In G. Bechmann (Hrsg.), *Risiko und Gesellschaft. Grundlagen und Ergebnisse interdisziplinärer Risikoforschung* (S. 327–338). Westdeutscher.

Lynch, M. (2016). Social constructivism in science and technology studies. *Human Studies, 39*(1), 101–112.

Maasen, S. (2015). *Wissenssoziologie* (2., komplett überarbeitete Aufl.). Transcript.

Macpherson, H. (2016). Walking methods in landscape research: Moving bodies, spaces of disclosure and rapport. *Landscape Research, 41*(1), 425–432. https://doi.org/10.1080/01426397.2016.1156065.

Mahler, A. (Hrsg.). (2019). *Philosophie der Landschaft. Ästhetik der Alpen, Rom, Florenz, Venedig* (3. Aufl.). Mahler Verlag.

Majetschak, S. (2004). „Die Schönen Dinge zeigen an, dass der Mensch in die Welt passe". Metaphysische Implikationen in Kants Begriff des Schönen. In H. Eidam, F. Hermenau, & D. Gonzaga de Souza (Hrsg.), *Metaphysik und Hermeneutik. Festschrift für Hans-Georg Flickinger zum 60. Geburtstag* (Kasseler philosophische Schriften, Bd. 38, S. 214–224). Kassel Univ. Press.

Marquard, O. (2000). *Philosophie des Stattdessen. Studien* (Universal-Bibliothek, Bd. 18049). Reclam.

Mattissek, A., & Wiertz, T. (2014). Materialität und Macht im Spiegel der Assemblage-Theorie: Erkundungen am Beispiel der Waldpolitik in Thailand. *Geographica Helvetica, 69*(3), 157–169.

Matys, T. & Brüsemeister, T. (2012). Gesellschaftliche Universalien versus bürgerliche Freiheit des Einzelnen – Macht, Herrschaft und Konflikt bei Ralf Dahrendorf. In P. Imbusch (Hrsg.), *Macht und Herrschaft. Sozialwissenschaftliche Theorien und Konzeptionen* (2., aktualisierte und erweiterte Auflage, S. 195–216). Springer VS.

McLean, K. (2017). Mapping the City's Smellscapes. In K. A. Harmon (Hrsg.), *You are here NYC. Mapping the soul of the city* (S. 144–147). Princeton Architectural Press.

Mead, G. H. (1934). *Mind, Self, and Society: From the Standpoint of a Social Behaviorist*. Chicago: University of Chicago Press.

Miggelbrink, J. (2014). Diskurs, Machttechnik, Assemblage. Neue Impulse für eine regionalgeographische Forschung. *Geographische Zeitschrift 102* (1), 25–40.

Mitchell, W. J. T. (Hrsg.). (1994). *Landscape and power*. University of Chicago Press.

Mitscherlich, A. (1965). *Die Unwirtlichkeit unserer Städte. Anstiftung zum Unfrieden*. Suhrkamp.

Mittelstraß, J. (1991). Das lebensweltliche Apriori: Paul Lorenzen zum 70. Geburtstag. In C. F. Gethmann (Hrsg.), *Lebenswelt und Wissenschaft* (S. 114–142). Bonn.

Mittelstraß, J. (1995). Der unheimliche Ort der Geisteswissenschaften. In U. Engler (Hrsg.), *Zweites Stuttgarter Bildungsforum. Orientierungswissen versus Verfügungswissen: Die Rolle der Geisteswissenschaften in einer technologisch orientierten Gesellschaft. Reden bei der Veranstaltung der Universität Stuttgart am 27. Juni 1994* (S. 30–39). Universitätsbibliothek Stuttgart.

Müller, G. (1977). Zur Geschichte des Wortes Landschaft. In A. Hartlieb von Wallthor & H. Quirin (Hrsg.), *„Landschaft" als interdisziplinäres Forschungsproblem. Vorträge und Diskussionen des Kolloquiums am 7./8. November 1975 in Münster* (S. 3–13). Aschendorff.

Münderlein, D., Kühne, O., & Weber, F. (2019). Mobile Methoden und fotobasierte Forschung zur Rekonstruktion von Landschaft(sbiographien). In O. Kühne, F. Weber, K. Berr, & C. Jenal (Hrsg.), *Handbuch Landschaft* (S. 517–534). Springer VS.

Murawski, H., & Meyer, W. (2004). *Geologisches Wörterbuch* (11., überarb. und erw.). Elsevier.

Nennen, H.-U., & Garbe, D. (Hrsg.). (1996). *Das Expertendilemma. Zur Rolle wissenschaftlicher Gutachter in der öffentlichen Meinungsbildung*. Springer.

Nerurkar, M. (2008). Was sind Reflexionsbegriffe? In Deutscher Kongress für Philosophie (Hrsg.), *Sektionsvorträge zum XXI. Kongress der DGPhil 2008.* http://www.dgphil2008.de/fileadmin/download/Sektionsbeitraege/05-5_Nerurkar.pdf. Zugegriffen: 22. Juni 2023.

Neukirch, M. (2014). Konflikte um den Ausbau der Stromnetze. Status und Entwicklung heterogener Protestkonstellationen. SOI Discussion Paper 2014–01. www.sowi.uni-stuttgart.de/dokumente/forschung/soi/soi_2014_1_Neukirch_Konflikte_um_den_Ausbau_der_Stromnetze.pdf. Zugegriffen: 11. Sept. 2019.

Neukirch, M. (2016). Protests against German electricity grid extension as a new social movement? A journey into the areas of conflict. *Energy, Sustainability and Society, 6*(4), 1–15. https://doi.org/10.1186/s13705-016-0069-9.

Niedenzu, H.-J. (2001). Konflikttheorie: Ralf Dahrendorf. In J. Morel, E. Bauer, T. Maleghy, H.-J. Niedenzu, M. Preglau, & H. Staubmann (Hrsg.), *Soziologische Theorie. Abriß ihrer Hauptvertreter* (7. Aufl., S. 171–189). R. Oldenbourg.

Nietzsche, F. (2013 [1878]). Band 2: Menschliches, Allzumenschliches 1. In C.-A. Scheier (Hrsg.), *Philosophische Werke in sechs Bänden*. Meiner.

Nordmann, A. (2007). Renaissance der Allianztechnik? Neue Technologien für alte Utopien. In B. Sitter-Liver (Hrsg.), *Utopie heute. Zur aktuellen Bedeutung, Funktion und Kritik des utopischen Denkens und Vorstellens* (Bd. 1, S. 261–278). Academic Press; Kohlhammer.

Nowotny, H. (2005). Experten, Expertisen und imaginierte Laien. In A. Bogner & H. Torgersen (Hrsg.), *Wozu Experten? Ambivalenzen der Beziehung von Wissenschaft und Politik* (S. 33–44). VS Verlag.

Olwig, K. R. (2008). The Jutland Ciper: Unlocking the Meaning and Power of a Contested Landscape. In M. Jones & K. Olwig (Hrsg.), *Nordic landscapes. Region and belonging on the northern edge of Europe* (S. 12–52). Minneapolis: University of Minnesota Press; Published in cooperation with the Center for American Places.

O'Neill, J., & Walsh, M. (2000). Landscape conflicts: Preferences, identities and rights. *Landscape Ecology, 15*(3), 281–289. https://doi.org/10.1023/A:1008123817429.

Ott, K. (2021). *Umweltethik zur Einführung*. Junius.

Otto, A. (2017). Die Diskursforschung in der deutschen Energiewende: Perspektiven und Potenziale. *Berichte. Geographie und Landeskunde, 91*(2), 117–137.

Paffen, K. (Hrsg.). (1973). *Das Wesen der Landschaft* (Wege der Forschung, Bd. 39). WBG.

Pareto, V. (1916). *Trattato di sociologia generale* (Bd. 2). G. Barbèra.

Parsons, G. (2008). *Aesthetics and nature*. Continuum.

Pasqualetti, M. J., Gipe, P., & Righter, R. W. (Hrsg.). (2002). *Wind power in view: Energy landscapes in a crowded world*. Academic.

Petrarca, F. (Hrsg.). (1995). *Die Besteigung des Mont Ventoux*. Stuttgart: Reclam.

Piechocki, R. (2006). Landschaft und Heimat. Zur Verdängung der kulturellen Dimensionen aus dem Naturschutz. In K. P. Wiemer (Hrsg.), *Dem Erbe verpflichtet. 100 Jahre Kulturlandschaftspflege im Rheinland. Festschrift zum 100-jährigen Bestehen des Rheinischen Vereins für Denkmalpflege und Landschaftsschutz* (S. 321–337). Verlag des Rheinischen Vereins für Denkmalpflege und Landschaftsschutz.

Piepmeier, R. (1980). Das Ende der ästhetischen Kategorie „Landschaft". Zu einem Aspekt neuzeitlichen Naturverhältnisses. *Westfälische Forschungen – Zeitschrift des Westfälischen Instituts für Regionalgeschichte des Landschaftsverbandes Westfalen-Lippe 30*, 8–46.

Piepmeier, R. (2019). Landschaft. In J. Ritter (Hrsg.), *Historisches Wörterbuch der Philosophie. Bd. 5: L-Mn* (Völlig neubearbeitete Ausgabe des »Wörterbuchs der philosophischen Begriffe« von Rudolf Eisler, Sonderausgabe, Spalten 11–28). WBG.

Pinch, T. J., & Bijker, W. E. (1984). The social construction of facts and artefacts: Or how the sociology of science and the sociology of technology might benefit each other. *Social Studies of Science, 14*(3), 399–441. https://doi.org/10.1177/030631284014003004.

Popper, K. R. (1963). *Conjectures and refutations. The growth of scientific knowledge*. Routledge & Kegan.

Popper, K. R. (1979). Three Worlds. Tanner Lecture, Michigan, April 7, 1978. *Michigan Quarterly Review* (1), 141–167. https://tannerlectures.utah.edu/_documents/a-to-z/p/popper80.pdf. Zugegriffen: 12. Mai 2020.

Popper, K. R. (1989). *Logik der Forschung*. Mohr Siebeck.

Popper, K. R. (1992). *Die offene Gesellschaft und ihre Feinde. Falsche Propheten – Hegel Marx und die Folgen* (Bd. 2, 7. Aufl.). J. C. B. Mohr. (Originalarbeit erschienen 1945).

Popper, K. R. (1996). *Alles Leben ist Problemlösen. Über Erkenntnis, Geschichte und Politik*. Piper.

Popper, K. R., & Eccles, J. C. (1977). *Das Ich und sein Gehirn*. Piper.

Popper, K. R. (1973). *Objektive Erkenntnis. Ein evolutionärer Entwurf*. Hoffmann und Campe.

Porteous, J. D. (1985). Smellscape. *Progress in physical geography, 9*(3), 356–378. https://doi.org/10.1177/030913338500900303.

Prominski, M. (2004). *Landschaft entwerfen. Zur Theorie aktueller Landschaftsarchitektur*. Reimer.

Prominski, M. (2019). Landschaft Drei. In O. Kühne, F. Weber, K. Berr, & C. Jenal (Hrsg.), *Handbuch Landschaft* (S. 667–674). Springer VS.

Putnam, H. (1997). *Für eine Erneuerung der Philosophie* (Universal-Bibliothek, Bd. 9660). Reclam.

Quasten, H. (1997). Grundsätze und Methoden der Erfassung und Bewertung kulturhistorischer Phänomene der Kulturlandschaft. In W. Schenk, K. Fehn, & D. Denecke (Hrsg.), *Kulturlandschaftspflege. Beiträge der Geographie zur räumlichen Planung* (S. 19–34). Borntraeger.

Reusswig, F., Braun, F., Heger, I., Ludewig, T., Eichenauer, E., & Lass, W. (2016). Against the wind: Local opposition to the German Energiewende. *Utilities Policy, 41*, 214–227. https://doi.org/10.1016/j.jup.2016.02.006.

Riehl, W. H. (1996). Das landschaftliche Auge. In G. Gröning (Hrsg.), *Landschaftswahrnehmung und Landschaftserfahrung (Arbeiten zur sozialwissenschaftlich orientierten Freiraumplanung* (S. 144–162). LIT.

Ritter, J. (1974 [1963]). *Subjektivität. Sechs Aufsätze.* Suhrkamp.

Ritter, J. (1996). Landschaft. Zur Funktion des Ästhetischen in der modernen Gesellschaft. In G. Gröning (Hrsg.), *Landschaftswahrnehmung und Landschaftserfahrung* (Arbeiten zur sozialwissenschaftlich orientierten Freiraumplanung, S. 28–68). LIT.

Roger, A. (Hrsg.). (1995). *La théorie du paysage en France. 1974 – 1994.* Champ Vallon.

Rorty, R. (1982). *Consequences of Pragmatism. Essays: 1972–1980.* University of Minnesota Press.

Rorty, R. (1997). *Contingency, irony, and solidarity (Reprint).* Cambridge University Press.

Rossmeier, A. (2023). Teilnehmende Beobachtung – von der Ethnologie zur adaptiven Strategie für sozialkonstruktivistische (Stadt–) Landschaftsforschung. In O. Kühne, F. Weber, K. Berr, & C. Jenal (Hrsg.), *Handbuch Landschaft* (2. Aufl., in diesem Handbuch). Springer VS.

Roters, E. (1995). *Jenseits von Arkadien. Die romantische Landschaft.* DuMont.

Roth, M. (2012). *Landschaftsbildbewertung in der Landschaftsplanung. Entwicklung und Anwendung einer Methode zur Validierung von Verfahren zur Bewertung des Landschaftsbildes durch internetgestützte Nutzerbefragungen* (IÖR-Schriften, Bd. 59). Rhombos.

Roth, M., & Bruns, E. (2016). *Landschaftsbildbewertung in Deutschland. Stand von Wissenschaft und Praxis* (BfN-Skripten, Bd. 439). Selbstverlag.

Röttgers, K., & Schmitz-Emans, M. (Hrsg.). (2005). *Landschaft. gesehen, beschrieben, erlebt* (Philosophisch-literarische Reflexionen, Bd. 7). Die Blaue Eule.

Ruggeri, D., & Fetzer, E. (2019). Landscape Education for Democracy. Methods and Methodology. *In_bo 10* (4), 18–33. https://in_bo.unibo.it/issue/view/816. Zugegriffen: 13. Febr. 2021.

Schafer, R. M. (1994). *The Soundscape. Our Sonic Environment and the Tuning of the World.* Destiny Books.

Schafranek, M., Huber, F., & Werndl, C. (2006). Die evolutionäre Grundlage Poppers Drei-Welten-Lehre. Eine unberücksichtigte Perspektive in der human-ökologischen Theoriendiskussion der Geographie *94* (3), 129–142. www.jstor.org/stable/27819084?casa_token=bsa1rjnquh0aaaaa:Cxgw0_vhrumejewsom8umrj2ggy-dqnvwreiydbkv5wuysf1unw3nmdl5iglrhqu7-1vj-buazkebayfee7vygxiqsgx5n7oiyuxwezlo1ss6latbp0. Zugegriffen: 24. Juli 2023.

Schelling, F. W. J. von. (1966). *Philosophie der Kunst* (Unveränd. repr. Nachdr. der Ausg. 1859.). WBG.

Schelsky, H. (1990). Freizeit und Landschaft. In G. Gröning & U. Herlyn (Hrsg.), *Landschaftswahrnehmung und Landschaftserfahrung. Texte zur Konstitution und Rezeption von Natur als Landschaft* (S. 117–129). Minerva.

Schenk, W. (2001). Landschaft. In H. Beck, D. Geuenich, & H. Steuer (Hrsg.), *Reallexikon der Germanischen Altertumskunde* (Bd. 17, S. 617–630). de Gruyter.

Schenk, W. (2013). Landschaft als zweifache sekundäre Bildung – historische Aspekte im aktuellen Gebrauch von Landschaft im deutschsprachigen Raum, namentlich in der Geographie. In D. Bruns & O. Kühne (Hrsg.), *Landschaften: Theorie, Praxis und internationale Bezüge. Impulse zum Landschaftsbegriff mit seinen ästhetischen, ökonomischen, sozialen und philosophischen Bezügen mit dem Ziel, die Verbindung von Theorie und Planungspraxis zu stärken* (S. 23–36). Oceano.

Schenk, W. (2017). Landschaft. und Band 2. In L. Kühnhardt & T. Mayer (Hrsg.), *Bonner Enzyklopädie der Globalität* (Bd. 1, S. 671–684). Springer VS.

Schmied-Kowarzik, W. (1997). Das Problem der Natur. Nähe und Differenz Fichtes und Schellings. *Fichte-Studien, 12*, 211–233.

Schmitz-Emans, M. (2007). „Utopisch aufgeschlagene Landschaft.". Romantische Weltbuchtopik, Ernst Blochs Chiffernkonzept und Carlfriedrich Claus' graphische Denklandschaften. In M. Schmeling & M. Schmitz-Emans (Hrsg.), *Das Paradigma der Landschaft in Moderne und Postmoderne. (Post-)Modernist Terrains: Landscapes – Settings – Spaces* (Saarbrücker Beiträge zur vergleichenden Literatur- und Kulturwissenschaft, Bd. 34, S. 265–289). Königshausen & Neumann.

Schneider, N. (2009). *Geschichte der Landschaftsmalerei. Vom Spätmittelalter bis zur Romantik.* WBG.

Schurz, G. (2014). *Einführung in die Wissenschaftstheorie* (4. überarbeitete Aufl.). WBG.

Schütz, A. (1960 [1932]). *Der sinnhafte Aufbau der sozialen Welt. Eine Einleitung in die Verstehende Soziologie* (2. Auflage). Julius Springer. (Originalarbeit erschienen 1932).

Schütz, A. (1971 [1962]). *Gesammelte Aufsätze 1. Das Problem der Wirklichkeit.* Martinus Nijhoff.

Schütz, A., & Luckmann, T. (2003 [1975]). *Strukturen der Lebenswelt.* UTB.

Schweda, M. (2008). Im Zweifel für den Angeklagten. Odo Marquards Apologie der Moderne aus dem Geist der Skepsis. *Zeitschrift für Ideengeschichte 2* (3), 122–124.

Schweda, M. (2013). *Entzweiung und Kompensation. Joachim Ritters philosophische Theorie der modernen Welt.* Karl Alber.

Schweda, M. (2015). *Joachim Ritter und die Ritter-Schule. Zur Einführung.* Junius.

Schweiger, S., Kamlage, J.-H., & Engler, S. (2018). Ästhetik und Akzeptanz. Welche Geschichten könnten Energielandschaften erzählen? In O. Kühne & F. Weber (Hrsg.), *Bausteine der Energiewende* (S. 431–445). Springer VS.

Sedelmeier, T., Kühne, O., & Jenal, C. (2022). *Foodscapes (Essential).* Springer VS.

Seel, M. (1991). *Eine Ästhetik der Natur.* Suhrkamp.

Seel, M. (1996). *Eine Ästhetik der Natur* (Bd. 1231). Suhrkamp.

Seiffert, H. (1996). *Einführung in die Wissenschaftstheorie 1. Sprachanalyse – Deduktion – Induktion in Natur- und Sozialwissenschaften.* C.H. Beck.

Sieverts, T. (1997). *Zwischenstadt. Zwischen Ort und Welt, Raum und Zeit, Stadt und Land* (Bauwelt Fundamente, Bd. 118). Vieweg+Sohn.

Simensen, T., Halvorsen, R., & Erikstad, L. (2018). Methods for landscape characterisation and mapping: A systematic review. *Land Use Policy, 75*, 557–569. https://doi.org/10.1016/j.landusepol.2018.04.022.

Simmel, G. (1907). Soziologie der Sinne. *Die neue Rundschau 18* (9), 1025–1036. https://socio.ch/sim/verschiedenes/1907/sinne.htm. Zugegriffen: 24. März 2022.

Simmel, G. (1908). *Soziologie. Untersuchungen über die Formen der Vergesellschaftung.* Duncker & Humblot.

Simmel, G. (1957 [1913]). *Brücke und Tür. Essays des Philosophen zur Geschichte, Religion, Kunst und Gesellschaft.* K. F. Kohler.

Simmel, G. (1970 [1917]). *Grundfragen der Soziologie: (Individuum und Gsellschaft).* De Gruyter.

Simmel, G. (1992 [1900]). *Schriften zur Soziologie. Eine Auswahl* (Suhrkamp-Taschenbuch Wissenschaft). Suhrkamp.

Simmel, G. (1992 [1908]). *Soziologie. Untersuchungen über die Formen der Vergesellschaftung* (Suhrkamp-Taschenbuch Wissenschaft, Bd. 811). Suhrkamp (Gesamtausgabe Band 11. Herausgegeben von Otthein Rammstedt).

Simmel, G. (1995 [1902]). Der Bildrahmen. Ein ästhetischer Versuch. In R. Kramme & O. Rammstedt (Hrsg.), *Aufsätze und Abhandlungen 1901–1908. Band 1.* Gesamtausgabe Band 7 (S. 101–108). Suhrkamp.
Simmel, G. (2001). *Gesamtausgabe in 24 Bänden. Band 2: Aufsätze 1887 bis 1890. Über sociale Differenzierung (1890). Die Probleme der Geschichtsphilosophie (1892)* (1. Aufl.). Suhrkamp.
Simmel, G. (2019a). Alpenreisen. In A. Mahler (Hrsg.), *Philosophie der Landschaft. Ästhetik der Alpen, Rom, Florenz, Venedig* (3. Aufl., 35--41). Mahler.
Simmel, G. (2019b). Florenz. In A. Mahler (Hrsg.), *Philosophie der Landschaft. Ästhetik der Alpen, Rom, Florenz, Venedig* (3. Aufl., S. 68–74). Mahler.
Simmel, G. (2019c). Philosophie der Landschaft. In A. Mahler (Hrsg.), *Philosophie der Landschaft. Ästhetik der Alpen, Rom, Florenz, Venedig* (3. Aufl., S. 7–23). Mahler.
Simmel, G. (2021). *Gesamtausgabe in 24 Bänden. Bd. 14: Hauptprobleme der Philosophie. Philosophische Kultur.* Suhrkamp.
Simmel, G. (2022 [1907]). *Philosophie des Geldes* (Bd. 6). Suhrkamp.
Smuda, M. (Hrsg.). (1986). *Landschaft.* Suhrkamp.
Spitzer, H. (1995). *Einführung in die räumliche Planung.* UTB Ulmer.
Stahl, T. (2013). *Immanente Kritik. Elemente einer Theorie sozialer Praktiken.* Campus.
Stederoth, D. (2011). Kritik. In P. Kolmer & A. G. Wildfeuer (Hrsg.), *Neues Handbuch philosophischer Grundbegriffe* (Bd. 2, S. 1346–1357). Alber.
Steinmann, K. (1995). Nachwort. Grenzscheide zweier Welten – Petrarcas Besteigung des Mont Ventoux. In F. Petrarca (Hrsg.), *Die Besteigung des Mont Ventoux* (S. 39–49). Reclam.
Stemmer, B. (2016). *Kooperative Landschaftsbewertung in der räumlichen Planung. Sozialkonstruktivistische Analyse der Landschaftswahrnehmung der Öffentlichkeit.* Springer VS.
Stemmer, B., Bernstein, F., Behre, E., & Kaußen, L. (2023). Naherholung als Teil der grünen Infrastruktur – ein neopragmatischer Ansatz. In O. Kühne, T. Freytag, T. Sedelmeier, & C. Jenal (Hrsg.), *Landschaft und Tourismus (RaumFragen* (S. 253–275). Springer.
Stemmer, B., & Bruns, D. (2017). Kooperative Landschaftsbewertung in der räumlichen Planung – Planbare Schönheit? Partizipative Methoden, (Geo-)Soziale Medien. In O. Kühne, H. Megerle, & F. Weber (Hrsg.), *Landschaftsästhetik und Landschaftswandel (RaumFragen: Stadt – Region – Landschaft* (S. 283–302). Springer VS.
Stierle, K. (1979). *Petrarcas Landschaften. Zur Geschichte ästhetischer Landschaftserfahrung.* Scherpe.
Stotten, R. (2015). *Das Konstrukt der bäuerlichen Kulturlandschaft. Perspektiven von Landwirten im Schweizerischen Alpenraum* (alpine space – man & environment, Bd. 15). Innsbruck University Press.
Sturm, C. (2017). Energie- und Klimapolitik in der Stadtentwicklung – Analysen städtischer Diskurse in Münster und Dresden. *Berichte. Geographie und Landeskunde, 91*(2), 173–189.
Trepl, L. (2012). *Die Idee der Landschaft. Eine Kulturgeschichte von der Aufklärung bis zur Ökologiebewegung.* Transcript.
Troll, C. (1968). Landschaftsökologie. In R. Tuexen (Hrsg.), *Pflanzensoziologie und Landschaftsökologie* (Berichte über die Internationalen Symposia der Internationalen Vereinigung für Vegetationskunde, Bd. 7, 1. Aufl., S. 1–21). Springer Netherlands.
Vaihinger, H.-M. (1911). *Philosophie des als ob. System der theoretischen, praktischen und religiösen Fiktionen der Menschheit auf Grund eines idealistischen Positivismus.* Reuther & Reichard (Mit einem Anhang über Kant und Nietzsche).
van Assche, K. (2010). Landscape of the year, or, taking Luhmann to the marshes. Social systems theory and the analysis of ecological and cultural adaptation. *Studia Politica 42* (3), 110–132.
van den Brink, A., Bruns, D., Tobi, H., & Bell, S. (Hrsg.). (2017). *Research in Landscape Architecture. Methods and methodology.* Routledge.

Vicenzotti, V. (2023). Die Landschaft der Zwischenstadt. In O. Kühne, F. Weber, K. Berr & C. Jenal (Hrsg.), *Handbuch Landschaft* (2. Aufl., in diesem Handbuch). Springer VS.

Vico, G. (2000). *Die neue Wissenschaft über die gemeinschaftliche Natur der Völker* (2. Aufl.). Walter de Gruyter (Nach der Ausgabe von 1744).

Viehöver, W. (2005). Der Experte als Platzhalter und Interpret moderner Mythen. Das Beispiel der Stammzellendebatte. In A. Bogner & H. Torgersen (Hrsg.), *Wozu Experten? Ambivalenzen der Beziehung von Wissenschaft und Politik* (S. 149–171). VS Verlag für Sozialwissenschaften.

Vietta, S. (1995). *Die vollendete Speculation führt zur Natur zurück. Natur und Ästhetik*. Reclam.

Vischer, F. T. v. (1922). *Kritische Gänge* (2. verm Aufl.). Meyer & Jessen.

Waldenfels, B. (2005). *In den Netzen der Lebenswelt (Suhrkamp-Taschenbuch Wissenschaft,* (3. Aufl., Bd. 545). Frankfurt (Main): Suhrkamp.

Weber, F. (2015). Diskurs – Macht – Landschaft. Potenziale der Diskurs- und Hegemonietheorie von Ernesto Laclau und Chantal Mouffe für die Landschaftsforschung. In S. Kost & A. Schönwald (Hrsg.), *Landschaftswandel – Wandel von Machtstrukturen* (S. 97–112). Springer VS.

Weber, F. (2016). The Potential of Discourse Theory for Landscape Research. *Dissertations of Cultural Landscape Commission* (31), 87–102. http://www.krajobraz.kulturowy.us.edu.pl/publikacje.artykuly/31/6.weber.pdf. Zugegriffen: 31. Aug. 2020.

Weber, F. (2017). Widerstände im Zuge des Stromnetzausbaus – eine diskurstheoretische Analyse der Argumentationsmuster von Bürgerinitiativen in Anschluss an Laclau und Mouffe. *Berichte. Geographie und Landeskunde, 91*(2), 139–154.

Weber, F. (2018). *Konflikte um die Energiewende. Vom Diskurs zur Praxis*. Springer VS.

Weber, F., Jenal, C., Roßmeier, A., & Kühne, O. (2017). Conflicts around Germany's *Energiewende*: Discourse patterns of citizens' initiatives. *Quaestiones Geographicae, 36*(4), 117–130. https://doi.org/10.1515/quageo-2017-0040.

Weber, M. (1976 [1922]). *Wirtschaft und Gesellschaft. Grundriß der verstehenden Soziologie*. Mohr Siebeck.

Weber, M. (1988a). *Gesammelte Aufsätze zur Religionssoziologie* (UTB für Wissenschaft Uni-Taschenbücher Religionswissenschaft, Bd. 1488). Mohr Siebeck.

Weber, M. (1988b). *Gesammelte Politische Schriften von Max Weber* (5. Aufl.). Mohr Siebeck.

Weichhart, P. (1999). Die Räume zwischen den Welten und die Welt der Räume. In P. Meusburger (Hrsg.), *Handlungszentrierte Sozialgeographie. Benno Werlens Entwurf in kritischer Diskussion* (Erdkundliches Wissen, Bd. 130, S. 67–94). Steiner.

Welter, R. (1986). *Der Begriff der Lebenswelt. Theorien vortheoretischer Erfahrungswelt* (Übergänge, Bd. 14). Fink.

Werlen, B. (1986). Thesen zur handlungstheoretischen Neuorientierung sozialgeographischer Forschung. *Geographica Helvetica, 41*(2), 67–76. https://doi.org/10.5194/gh-41-67-1986.

Werlen, B. (1997). *Gesellschaft, Handlung und Raum. Grundlagen handlungstheoretischer Sozialgeographie* (Erdkundliches Wissen, Bd. 89). Steiner.

Wiborg, S. (2023). *Der glückliche Horizont. Was uns Landschaft bedeutet*. Verlag Antje Kunstmann.

Winchester, H. P. M., Kong, L., & Dunn, K. (2003). *Landscapes. Ways of imagining the world*. Routledge.

Winsky, N. (2023). Landschaft in der Assemblage-Theorie. In O. Kühne, F. Weber, K. Berr, & C. Jenal (Hrsg.), *Handbuch Landschaft* (2. Aufl., in diesem Handbuch). pringer VS.

Wojtkiewicz, W. (2015). *Sinn – Bild – Landschaft. Landschaftsverständnisse in der Landschaftsplanung: Eine Untersuchung von Idealvorstellungen und Bedeutungszuweisungen*. Technische Universität Berlin.

Wojtkiewicz, W., & Heiland, S. (2012). Landschaftsverständnisse in der Landschaftsplanung. Eine semantische Analyse der Verwendung des Wortes „Landschaft" in kommunalen Landschaftsplänen. *Raumforschung und Raumordnung – Spatial Research and Planning 70* (2), 133–145. https://doi.org/10.1007/s13147-011-0138-7.

Wylie, J. (2005). A single day's walking: Narrating self and landscape on the South West Coast Path. *Transactions of the Institute of British Geographers, 30*(2), 234–247. https://doi.org/10.1111/j.1475-5661.2005.00163.x.

Wylie, J. (2007). *Landscape.* Routledge.

Zierhofer, W. (1999). Geographie der Hybriden. *Erdkunde, 53*(1), 1–13.

Zierhofer, W. (2002). *Gesellschaft. Transformation eines Problems* (Wahrnehmungsgeographische Studien, Bd. 20). Oldenburg: Bibliotheks- und Informationssystem der Univ.

Zukin, S. (1993). *Landscapes of Power: From Detroit to Disney World.* University of California Press.

SPRINGER NATURE

GPSR Compliance

The European Union's (EU) General Product Safety Regulation (GPSR) is a set of rules that requires consumer products to be safe and our obligations to ensure this.

If you have any concerns about our products, you can contact us on ProductSafety@springernature.com

In case Publisher is established outside the EU, the EU authorized representative is:

Springer Nature Customer Service Center GmbH
Europaplatz 3
69115 Heidelberg, Germany